通用职业素质培养系列教材

创新技能训练

主　编　刘海燕　丁九峰
副主编　容湘萍　叶　敏　余　波

電子工業出版社
Publishing House of Electronics Industry
北京·BEIJING

内容简介

本书系通用职业素质培养系列教材之一。本教材主要在五个项目下完成相应的活动，主要内容有：创新的来源与作用、创新思维训练、创新能力训练、创新方法学习、创新作品制作。本书附有数字化资源等相关学习资料，供教学参考和使用。

本书内容丰富，语言简练，通俗易懂，图文并茂，将创新思维与技法的知识通过案例体现，通过剖析成功企业、成功人士、成功作品，能激发读者的创新思维和创新欲望。本书在内容上贴近广大学生实际，可作为各专业创新创业素质培养选修课教材，文理兼修；也可供有相关职业素质需求的社会在职人员选用。

图书在版编目（CIP）数据

创新技能训练/刘海燕，丁九峰主编. —北京：电子工业出版社，2016.1
通用职业素质培养系列教材
ISBN 978-7-121-28107-5

Ⅰ.①创…　Ⅱ.①刘…　②丁…　Ⅲ.①创造学－职业培训－教材　Ⅳ.①G305

中国版本图书馆CIP数据核字（2016）第015397号

策划编辑：施玉新
责任编辑：施玉新　　文字编辑：柯　彤
印　　刷：北京季蜂印刷有限公司
装　　订：北京季蜂印刷有限公司
出版发行：电子工业出版社
　　　　　北京市海淀区万寿路173信箱　邮编：100036
开　　本：720×1000　1/16　印张：11.25　字数：288千字
版　　次：2016年1月第1版
印　　次：2016年1月第1次印刷
定　　价：28.00元

凡所购买电子工业出版社图书有缺损问题，请向购买书店调换。若书店售缺，请与本社发行部联系，联系及邮购电话：（010）88254888。

质量投诉请发邮件至zlts@phei.com.cn，盗版侵权举报请发邮件至dbqq@phei.com.cn。
服务热线：（010）88258888。

前言
Preface

本书是通用职业素质培养系列教材之一。本书以相关案例为引导，介绍创新思维和创新技法的培养方法，在创新思维和创新技法的内容里穿插一些训练游戏和案例，可以提高学生的学习兴趣。

全书主要在五个项目下完成 15 个活动。项目内容为：创新的来源与作用、创新思维训练、创新能力训练、创新方法学习、创新作品制作。本书以职业院校学生为主要使用对象，列举了身边的人和事，在内容上力求贴近职业院校学生实际。通过与时俱进地剖析成功企业、成功人士、成功作品，有效地激发学生的创造意识、创新意识、创业意识。把树立远大目标、创新训练、培养创业精神有机地结合。通过做一做，培养学生的创新技巧、制作作品、策划活动等能力。在活动中学、在做中学、在学中提高创新能力。

本书内容丰富，语言简练，通俗易懂，图文并茂，具备一定的实施创新教育的操作性。

本教材适用于各类专业，可作为职业素养选修课教材，总学时为 36

学时，各部分的课时分配建议如下：

《创新技能训练》学时安排建议

序号	项目名称	活动设计	参考学时
项目一	议一议—— 创新的来源与作用	活动 1　激发创造意识 活动 2　创新才有未来	4
项目二	想一想—— 创新思维训练	活动 1　联想思维训练 活动 2　逆向思维训练 活动 3　逻辑思维训练	6
项目三	练一练—— 创新能力训练	活动 1　注意力训练 活动 2　记忆力训练 活动 3　兴趣的培养	6
项目四	学一学—— 创新方法学习	活动 1　模仿法的学习 活动 2　组合法的学习 活动 3　联想法的学习 活动 4　TRIZ 理论学习	8
项目五	做一做—— 创新作品制作	活动 1　设计一个聪明书签 活动 2　召开一个主题班会 活动 3　制订一份创业计划书	10
其他		综合考核	2
合计			36

本教材由刘海燕、丁九峰、容湘萍、叶敏、余波、陈爱午、常斌、阚海辉、杨荣、张凌老师共同编写，刘海燕老师对全书进行了整理和统稿。

限于水平，书中难免有不妥及错误之处，恳请各位专家、老师批评指正，以便我们进一步完善，不断提高。

编　者

目录

Contens

激发创造意识

创新才有未来

项目一

议一议

——创新的来源与作用

活动 1

激发创造意识

创造意识就是指人对于创造的欲望和需求。创造意识在创造者所有素质中处于十分重要的地位，对于能否创造成功起着至关重要的作用，它对创造能力的形成、创造实践的实施、创造效果的大小有着巨大的影响。本次活动就如何激发思维、培养强烈的创造意识展开了讨论。讨论主要分为“远大的目标使人勇于创造”“探究与思考诱发解决问题的欲望”“切磋与讨论激活创造欲望”“参与社会实践激发创造意识的产生”四个主题。

【活动简介】

【专题讨论】

主题一
远大的目标使人勇于创造

目标远大才有强烈的创造意识，才有持久的创造力。我们用中国的周恩来、法国的拿破仑、美国的莱特兄弟的典型故事来说明。

为中华之崛起而读书

周恩来在少年时期离开故乡江苏淮安，来到东关模范学校读书。这一天，魏校长亲自为学生上修身课，题目是“立命”。当时正是中国社会发生剧烈变动的时期。校长讲“立命”，就是给学生讲怎样立志。魏校长讲到精彩处突然停顿下来，问道：“诸生为何读书啊？”当时，有人回答：“为名利而读书。”还有人回答：“为做官而读书。”而当时的学生周恩来却响亮地回答：“为中华之崛起而读书！”魏校长赞叹道：“有志者，当效周生啊！”当时，周恩来年仅 12 岁。一句响亮的誓言，一个远大的志向，激励着我们敬爱的总理为之奋斗了一生。他为了民族的独立、国家的振兴鞠躬尽瘁，死而后已，正是由于这种伟大理想的导引。

拿破仑的“理想之星”

在拿破仑还是一个单纯的小朋友时，一次偶然的机会中，他的叔叔问拿破仑：“将来长大想要做什么？”拿破仑滔滔不绝地发表了心中构想已久的伟大抱负。小拿破仑从他立志从军开始，一直说到想带领法国的雄兵，席卷整个欧洲，建立一个前所未有的超级大帝国，并且让自己成为这个大帝国的皇帝。不料，叔叔听完小拿破仑的抱负之后，当场大笑不已，指着小拿破仑的额头，嘲讽道：“空想，你所说的一切全都是空想！想当法国皇帝？那是不可能的！依我看，你长大之后，还是去当一个小说家，反倒更容易实现你的皇帝迷梦——”小拿破仑被叔叔这一阵抢白，静静地走到窗前，指着远处的天边，认真地问道：“叔叔，你看得到那颗星星吗？”这时还是正午时分，拿破仑的叔叔诧异地走到窗前，茫然地答道：“什么星星？现在是中午，当然看不到啊！孩子，你该不会是疯了吧？”再次面对叔叔的质疑，小拿破仑却是依然镇定而冷静地说道：“就是那颗星星啊！我真的看得到，它依然高挂在天边，不分日夜，一直为了我而闪烁着，那是属于我的希望之星；只要它存在一天，我的梦想就永远不会破灭——”事实上，那颗希望之星从未高悬天际，它一直躲藏在拿破仑的内心深处，凭借内心希望之星的引导，终于使得拿破仑成为真正的法国皇帝。

莱特兄弟的飞翔之梦

一百多年前，一位穷苦的牧羊人带着两个幼小的儿子以替别人放羊为生。有一天，他们赶着羊来到一个山坡上，一群大雁鸣叫着从他们头顶飞过，并很快消失在远方。牧羊人的小儿子问父亲："大雁要往哪里飞？"牧羊人说："它们要去一个温暖的地方，在那里安家，度过寒冷的冬天。"大儿子眨着眼睛羡慕地说："要是我也能像大雁那样飞起来就好了。"小儿子也说："要是能做一只会飞的大雁该多好啊！"牧羊人沉默了一会儿，然后对两个儿子说："只要你们想，你们也能飞起来。"两个儿子试了试，都没能飞起来，他们用怀疑的眼神看着父亲，牧羊人说："让我飞给你们看。"于是他张开双臂，但也没能飞起来。可是，牧羊人肯定地说："我因为年纪大了才飞不起来，你们还小，只要不断努力，将来就一定能飞起来，去想去的地方。"两个儿子牢牢记住了父亲的话，并一直努力着，等他们长大——哥哥36岁，弟弟32岁时——他们果然飞起来了，因为他们发明了飞机。这两个人就是美国的莱特兄弟。他们创造了空中飞行59秒、距离260米的纪录！这是世界上第一架飞机的飞行纪录。

有理想才有前进的方向，有理想才有奋斗的动力。古今中外，许多名人、伟人的骄人成就都离不开他们树立了远大的理想。

讨论题：

① 周恩来、拿破仑、莱特兄弟他们成功的背后是什么？

② 你的远大目标是什么？你为达到这一目标是如何努力的？

主题二
探究与思考诱发解决问题的欲望

人通过探究与思考，不仅能发现问题，而且能诱发解决问题的欲望。牛顿从苹果落地想到了万有引力，爱迪生从学孵小鸡到伟大的发明家，张海迪从不懂英语到翻译作品，无一不是探究与思考的结果。

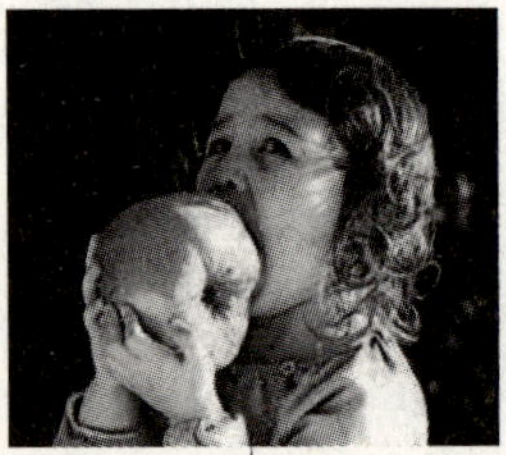

苹果落地的故事

一个偶然的事件往往能引发一位科学家思想的闪光。这是1666年夏末一个温暖的傍晚，在英格兰林肯州乌尔斯索普，一个腋下夹着一本书的年轻人走进他母亲家的花园里，坐在一棵树下，开始埋头读他的书。当他翻动书页时，他头顶的树枝中有样东西晃动起来。一个历史上最著名的苹果落了下来，打在23岁的牛顿的头上。恰巧在那天，牛顿正苦苦思索着一个问题：是什么力量使月球保持在环绕地球运行的轨道上，以及使行星保持在其环绕太阳运行的轨道上？为什么这个打中他脑袋的苹果会坠落到地上？正是从思考这一问题开始，他找到了这些问题的答案——万有引力理论。牛顿一生都在思考，他的发明创造得益于他的探索与思考。

打破砂锅问到底

伟大发明家爱迪生的名字传遍世界，他一生共有约两千项创造发明，为人类的文明和进步做出了巨大的贡献。他并非天生神童，他的童年甚至没有常人所具备的起码的灵性，但他好奇心特别强，有“打破砂锅问（璺）到底”的精神，做出了许多别人认为“愚蠢”的事。

有一天，妈妈正在厨房忙着，爱迪生惊奇地问：“妈妈，咱们家的那只母鸡真奇怪，它把鸡蛋放在屁股底下坐着，为什么？”妈妈放下手里的活儿，认真地对爱迪生说：“鸡妈妈那是在孵小宝贝呢！她把那些蛋暖热后，就会有小鸡从里面爬出来。”小爱迪生听了，觉得真神奇。他认真想了一会儿，抬头问道：“难道把蛋放在屁股底下暖和暖和小鸡就能出来？”“对啊，就是这么回事！”妈妈微笑着点头。等到饭做好了，妈妈忽然发现小爱迪生不见了，哪儿都找不到，妈妈急了，大声喊儿子的名字。这时，听到从库房里传来他的答应声。妈妈觉得很奇怪，过去一看，原来爱迪生在那儿做了个“窝”，里面放了好多鸡蛋，他正一本正经地蹲在上面。妈妈更奇怪了，问道：“你在干什么啊？”爱迪生说：“妈妈，你不知道吗？我在孵小鸡啊！”

这些“蠢事”正说明了爱迪生对事物有着强烈的探究欲望和勇于实践的精神，也正是凭着这种欲望和精神，爱迪生成了伟大的发明家。

路在一个瘫痪姑娘的脚下延伸

20世纪80年代，一个光辉的名字——张海迪，在神州大地上引起了强烈的反响，张海迪的事迹到处传颂，海迪精神到处弘扬。人们在这位三分之二躯体失去知觉而不向命运之神屈服的姑娘面前，在这位“即使跌倒一百次，也要一百零一次地爬起来”的勇士面前，都在深深地思考：人生的全部意义究竟在哪里？

张海迪为了学好英语，她的墙上、桌上、灯上、镜子上，乃至手上、胳膊上都写上了英语单词，还给自己规定每天晚上不记10个单词就不睡觉。家里来了客人，只要会些英语的，都成了她的老师。经过七八个年头的努力，她不仅能够阅读英文版的报刊和文学作品，还翻译了英国长篇小说《海边诊所》，当她把这部书的译稿交给某出版社的总编时，这位年过半百的老同志感动得流下了热泪，并热情地为该书写了序言：《路，在一个瘫痪姑娘的脚下延伸》。

张海迪在轮椅上唱出了高昂激越的生命之歌，这支歌的主旋律是：一个人生命的价值在于为祖国富强、人民幸福而勇敢开拓、无私奉献！

我们也常常有这样的体验：由于想到了别人没有想到的问题，发现了别人没有发现的事物，我们整个人都兴奋起来，产生一定要征服它的好奇心，促使我们去努力实践。这就是探究与思考带来的动力。

讨论题：

① 创造力是人人皆有的一种潜在的自然属性。每个普通的正常人都具有创造力，因此都具有可开发的创造潜能。请谈谈你的体会。

② 请发挥你的创造力，说出五种以上你所能想到的可能实现的创造项目。

主题三
切磋与讨论激活创造欲望

创造意识可以在切磋与讨论中得到激发，切磋讨论可以相互补充、取长补短，切磋讨论还可以克服思维定式，经旁人提醒点拨，茅塞顿开。

全员决策的美国通用电气公司

美国通用电气公司（General Electric Company，GE）或译奇异，是世界上最大的提供技术和服务业务的跨国公司。据2007年统计，GE的销售收入是1 727.38亿美元，是世界上拥有市场资产第二多的公司，并且在过去4年销售收入一直位于世界第一或第二。GE是在公司多元化发展当中，较为出色的跨国公司。目前，公司业务遍及世界100多个国家，拥有员工315 000人。杰夫·伊梅尔特先生自2001年9月7日起接替杰克·韦尔奇担任GE公司的董事长及首席执行官。

1981年4月上任的美国通用电气公司总裁杰克·韦尔奇实行“全员决策”制度，邀请普通工人、职员、技术员、工会领袖等出席决策讨论会，与会者彼此平等，各抒己见。这一制度增强了员工们对公司经营的参与意识，极大地激发了他们的工作积极性，纷纷在讨论会上提出创造性合理建议。这些建议有许多被公司采纳，变成电气公司产品的优势，使该公司保持迅猛的发展势头，销售额从1980年的268亿美元上升到1990年的526亿美元，年增长率达8%；公司利润从每年的15亿美元增加到43亿美元，年增长率达11%。

不同凡响的微软公司

微软公司（Microsoft）创建于1975年，总部设在华盛顿州的雷特蒙德市。目前是全球最大的电脑软件提供商。

微软公司在比尔·盖茨的引领下，三十多年间操作系统一直在更新换代，为用户提供范围广泛的产品和服务，并通过优秀的软件赋予人们在任何时间、任何地点、通过任何设备进行沟通的能力。从Windows 1.0到Windows Vista经历了20年的艰辛。

微软注重以人为本，工作风格讲究开放随和。在微软的所有团队中都有这样一句话：没有永远的领导与员工。在企业中，领导和员工不仅是一起工作，更是一起感受生活的点滴。盖茨还认为成功是合作的结果，并表明："先为成功的人工作，再与成功的人合作，最后是让成功的人为你工作。"

之所以这么认为，是盖茨觉得众多优秀的人只有在团结起来时才具有足够的凝聚力与创造力，才能完成企业的目标与任务。微软还十分注重创新。盖茨和鲍尔默更认为微软的投资策略的核心便是技术与经营部门的合作创新。鲍尔默每个月都会在公司中讨论各个部门合作的细节并协调工作，并通过合作不断地创新。新的技术能够给企业带来更多的希望与价值。

以“实、信、廉、新、礼”为核心价值观的格力公司

珠海格力电器股份有限公司成立于1991年，是目前全球最大的集研发、生产、销售、服务于一体的专业化空调企业。格力电器旗下的“格力”品牌空调，是中国空调业唯一的“世界名牌”产品，业务遍及全球100多个国家和地区，是全球最大的空调企业。

作为一家专注于空调产品的大型电器制造商，格力电器致力于为全球消费者提供技术领先、品质卓越的空调产品。拥有技术专利数千项，自主研发的GMV数码多联一拖多机组、超低温数码多联中央空调、新型高效离心式大型中央空调、G10变频空调、超高效定速压缩机等一系列国际领先产品填补了行业空白，成为从“中国制造”走向“中国创造”的典范，在国际舞台上赢得了广泛的知名度和影响力。

格力以“实、信、廉、新、礼”为核心价值观：

“实”是诚实、实干、实事求是、实实在在；“信”是信念、信任、诚信、守信和信义；“廉”是廉洁奉公、严于律己；“新”是创新、开拓、进取；“礼”是尊重、平等、友善、团结和协作。

格力崇尚“少说空话，多做实事”，做到能根据消费者的需求不断开发新产品，生产一代、开发一代、储备一代，达到人无我有、人有我新、人新我变。

俗话说得好，“三个臭皮匠，胜过诸葛亮”。奇异公司、微软公司、格力公司就是借助集体的力量、智慧，不断科技创新，达到了效益的最大化。

讨论题：

① 奇异公司、微软公司、格力公司三个公司的创造意识是如何被激发出来的?

② 你有创造意识吗？怎样培养自己的创造意识?

主题四

参与社会实践激发创造意识的产生

人的思想意识、灵感经验都来自于人的社会实践。只有积极参与社会实践，才能开阔视野、发现需求、积累经验，从而激发创造意识的产生。

“牛仔裤之父”里维

著名牛仔裤品牌Levi’s(里维斯)创始人里维，1829年生于德国一个犹太家庭。里维深入矿场推销帆布等商品时，一位工人说，要是你用帆布做裤子，适合矿工劳动用，肯定会受欢迎。他灵机一动，开办了“里维帆布工装裤公司”，大批生产牛仔裤，生意十分兴隆。里维没有陶醉在创业成功的喜悦中，而是深入市场调查观察，又为妇女设计生产了便装裤、牛仔裙、牛仔装，又获得巨大的商机。

1855年里维采用从法国进口的蓝斜纹棉布，取代原用的帆布。1873年在Levi’s牛仔裤的后袋加了铆钉，加强耐用度。同年，Levi’s牛仔裤的后袋更缝上双行弧形缝线，称为Arcuate Design。1886年Levi’s牛仔裤于裤后加上一个双马图案的皮章，成为Levi’s牛仔裤经久耐穿的象征。1890年Levis Strauss公司首次将牛仔裤编码，举世闻名的501就是Levi’s首条牛仔裤型号。1936年为了区别其他公司的仿制品，Levi’s在牛仔裤后袋加上红旗纹章，作为正宗 Levi’s 标志。1960 年，Levi’s 推出水洗系列牛仔裤，1967 年出现喇叭裤型，1986 年开始生产预先穿洞的破烂牛仔裤、将牛仔裤裤管翻过来的“翻边”，2003 年性感新潮剪裁独特、款式至酷的 typeltm 系列诞生。

锐意革新的里维，凭着他的创造性思维、创造意识和信念，不断开发牛仔裤及其系列服装，并使里维公司经历一百多年而长盛不衰。

呼啦圈的发明人
路易·马克斯

世界玩具大王路易·马克斯非常喜欢到各地去体验生活，了解各民族的风俗习惯，以寻找创造的灵感。他见到台湾山里的孩子常玩一种叫悠悠的玩具，非常有意思。于是，他便把这种玩具带到了西方国家，结果赚了大钱。前几年，他为研究南洋土著民族的游戏，又去实地考察了一番，他见有一种套在腰间转着玩耍的藤圈很有意思，回国后便研制了呼啦圈作为健身、表演、竞赛的玩具，一时风靡世界，他因此而名利双收。呼啦圈的发明正是马克斯从社会实践生活中得到灵感的结果。

1923年的一天上午，美国某玻璃瓶厂工人路透的久别女友来看望他。这天，女友穿着时兴的紧腿裙，实在漂亮极了。这种裙子在膝部附近变窄，凸出了人体的线条美。约会后，路透突发奇想：为何不把又沉又重的可口可乐瓶设计成这种紧腿裙的式样呢？于是，路透迅速按照裙子样式制作了一个瓶子，接着作为图案设计进行了专利登记，然后将这种瓶子设计带到可口可乐公司。可口可乐公司的史密斯经理看了大为赞赏，马上与路透签订了一份合同，约定每生产12打瓶子付给路透5美分。这就是可口可乐饮料现在所用的瓶样。目前这种瓶子的生产数量已经达到760亿只，路透所得的金额，约值18亿美元之巨。路透欣赏女友漂亮的裙子，想到改变又沉又重的可口可乐瓶形状，是灵感思维使他的灵感创新思维发挥了作用。

可口可乐瓶设计者路透

实践是检验真理的唯一标准，是发现真理的终极源泉，是引发创造意识的必经途径。

讨论题：

① 你有强烈的创造意识吗？

② 下列问题有可能做到，想一想如何实现。

（1）四季适用的被子。

（2）一种随花长大而增大、扩容的花盆。

（3）太阳能空调器。

【提示】

（1）一种一年四季都能用的被子：可由二或多层薄被组成，每层薄被既可单独使用，又可叠加连接固定在一起使用。每层薄被之间可用纽扣或绳子或拉链或尼龙搭扣连接。

（2）按右图所示，把花盆放大，往里面再装了一些土，花盆终于又可以天天和花儿在一起了。

（3）太阳能空调器，制热时绿色的取暖，以太阳能和可再生的生物质燃料为主要能源。制冷时借助少量的电能利用地源低温，采用超导能量输送系统直接制冷，达到最合理的节能的制冷效果。

③ 产品外包装对于一家企业或一种产品来说是至关重要的。现在假设你生产了一种化妆品，你给它设计容器的外形。

【知识拓展】

创造是想出或做出前所未有的事物，创造是发明制造前所未有的事物，创造就是把以前没有的事物创立或者制造出来。创造的一个最大特点是有意识地对世界进行探索性劳动的行为。因此，想出新方法、建立新理论、做出新的成绩或东西都是创造的结果。

创造是一种有目的的创新实践活动，它提供富有创新性的成果，对人类具有新的价值，是创造者聪明才智高度发挥并做出新贡献的行为。

创造的本质在于甄选，甄选出真正有建设性的联系（事物或概念之间的联系）。

例如，当你想拿到桌子上的一个花瓶而又因为自己太矮而够不着时，你挠挠头往周围看了看，发现旁边有一个凳子！你突然想到也许可以通过站到凳子上而够到花瓶，这是最关键的一步，通常称为灵感（这个现象类似于生物中的突变，这里发生的变化是改变了凳子只是用来坐的这样的观念）。做到这一步时你已经将“凳子”和“自己的身体”这两个概念在头脑里联系起来了，并且进行了一个思想试验过程：首先看了看凳子的高度，大概判断了一下自己如果站在上头很可能就可以够着花瓶了，并且觉得自己肯定可以爬到凳子上去。于是你头脑中迅速闪过了你爬到凳子上然后顺利够着花瓶的图景。这个思维过程完成后，你就完成了一个“手续概念”的创造。为了方便陈述，你还可以把刚才这个手续概念命名为“通过站在凳子上拿到桌子上的花瓶的方法”。

【知识拓展】

创造意识是指自觉地进行创造性思维，发挥创造潜能，力求产生创造性成果的思想观念。创造意识是人们在创造活动体验、经验和创造认识基础上形成的对创造的高度敏感性和自觉、自发进行创造活动的一种心理准备状态。

具有创造意识，才会有动力；具有创造意识，才会有灵感；具有创造意识，才会有毅力。创造意识对于一个人的成长、创业是非常重要的。一个人很有力气，可他不想干活，那还是一无用处；一个人很有能力，可他不想创造，那么这些能力就浪费了；一个人有了创造意识，他就会积极学习，努力实践，而提高自己的创造能力。

如何激发创造意识？目标远大是产生创造意识的源泉，勤于思考是诱发创造意识的激素，切磋讨论是激发创造意识的手段，社会实践是引发创造意识的途径。

一说到创造，许多人认为高不可攀，发明创造是大事业，一般人做不到！其实，只要你有强烈的创造意识，坚持实践——每日一设想、每日一观察、每周一交流、每月一创意，就会有所创造，达到每人一专利的目标。我国著名教育学家陶行知说得好：“人类社会处处是创造之地，天天是创造之时，人人是创造之人。”

【启示感悟】

创造是技术性能较低而专利级别较高、经济效益不足的新技术初始发明诞生活动。而创新则是在创造基础上逐步提高技术性能、大量产生新专利，逐步收获经济效益的技术发展进化活动。没有创造就没有创新，没有创新就没有创造的发展和技术的进步。

【能力训练】

训练 1：根据四盏灯的启示 1 和启示 2，谈谈你的体会。

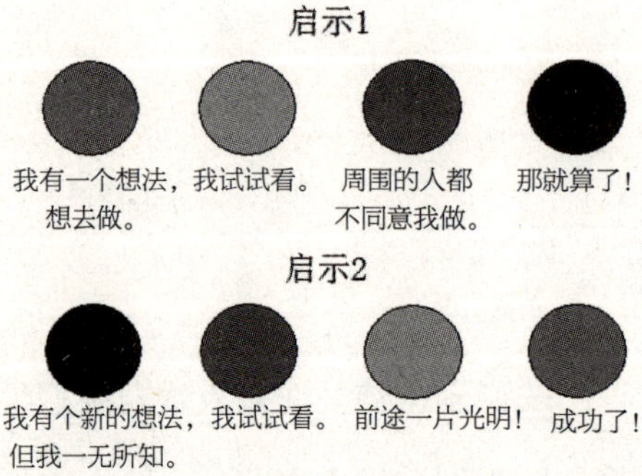

【提示】一个人有梦想，但他不想创造，结果失败了；一个人既有梦想，又有创造意识，并能努力实践，结果成功了。

训练 2：试用下列步骤设计一种不用手撑的雨伞。

①及时记录下创新的想法→②自己提问自己→③经常表达出来自己的想法→④永远充满着创新的渴望→⑤换一个新的方法来思考→⑥有了创新性的想法去实现。

【提示】雨伞柄的下边装有蛇形背带，可以缠住我们的肩膀，结构图和使用方法如图所示。

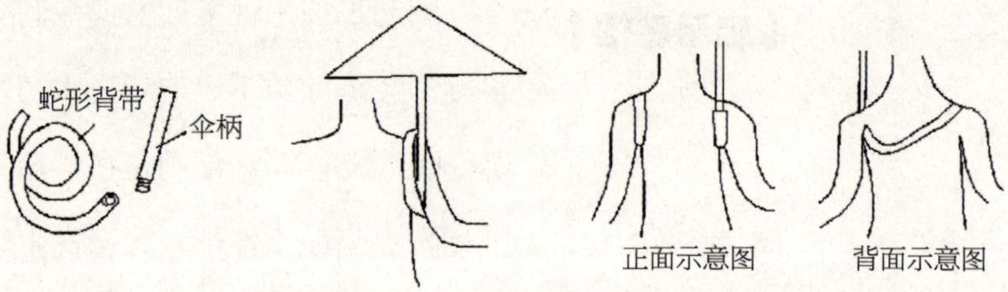

正面示意图　背面示意图

结构图　单肩法　双肩法

使用方法图

训练 3：从下面 5 个图形中找出与众不同的。从中得到什么启发？

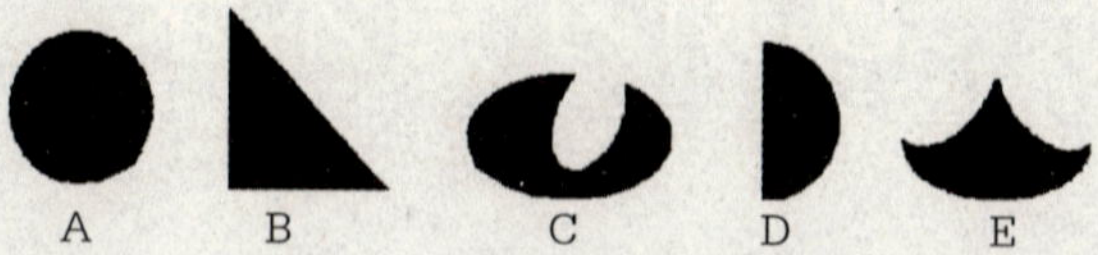

【提示】如果你选择 B，恭喜你，你答对了，因为图形 B 是唯一全部由直线构成的图形。有些读者可能选择图形 C，你也答对了！因为图形 C 是唯一不对称的，因此 C 是正确答案。图形 A 也是与众不同的，因为图形 A 每一点都是连续的，因此 A 是正确答案。至于图形 D 呢？它是唯一由直线和圆弧组成的，所以 D 也是正确的。图形 E 呢？它是唯一的非几何图形，因此也是正确答案。换句话说，由于观点不同，它们都是正确的答案。

【我的创新体会】

活动 2

创新才有未来

创新是指以现有的思维模式提出有别于常规或常人思路的见解为导向，利用现有的知识和物质，在特定的环境中，本着理想化需要或为满足社会需求，而改进或创造新的事物、方法、元素、路径、环境，并能获得一定有益效果的行为。本次活动通过创新成功的案例进一步说明创新是社会前进的动力，创新成就未来。本次活动分“创新是社会前进的动力”“创新成就未来”两个主题展开讨论。

【活动简介】

【专题讨论】

主题一
创新是社会前进的动力

“创新”一词原用于艺术界，最早由当代西方著名经济学家熊彼特用于对经济增长动力的分析。1912 年，他在《经济发展理论》一书中首先提出了“创新理论”，认为经济增长的动力源于“创新”。当时曾轰动西方经济学界，并且一直享有盛名。“创新是创造性破坏的狂飙”，所谓“创新”，就是“建立一种新的生产函数”，也就是说，把一种从来没有过的关于要素和生产条件的“新组合”引入生产体系。他认为，新产品、新的生产方法、开拓新市场、获取新的资源、新的组织形式等都是创新。

创新，需要在借鉴、继承前人的优秀成果的基础上，在他人正确的理论引导下，探索更深一层次的问题，提出宝贵的意见。只有创新才有人类的进步，不仅仅只是在科学领域，在生活中创新同样具有不可忽视的作用。牛顿由一个掉落的苹果发现了万有引力理论；伽利略推翻了亚里士多德的错误结论，证明两个铁球能够同时着地。如果没有这种难能可贵的创新精神，或许，我们至今还只能够停留在前人错误的理论中。只有创新，才能满足人们日益增加的需求。

一颗种子改变世界

中国工程院院士、国家杂交水稻工程技术研究中心主任袁隆平，为中国乃至世界人民的吃饭问题做出了巨大的贡献。袁隆平院士的“禾下乘凉梦”，“我梦见我们种的水稻，长得跟高粱一样高，穗子像扫把那么长，颗粒像花生米那么大，我和助手们就坐在稻穗下而乘凉……”水稻梦一做就是40多年。

为了杂交水稻，袁隆平几乎奉献了自己的一切，知识、汗水、灵感、心血，没有什么不是为了那梦寐以求的杂交水稻。在研究的初期阶段，为了获得一株必需的水稻天然雄性不育株，他和新婚妻子一起，在1964年到1965年连续两年的酷暑季节顶着烈日大海捞针般地寻觅在安江农校实习农场和附近生产队的稻田里，在前后共检查了4个常规水稻品种的14 000多个稻穗后，终于找到了6株雄性不育的植株。

从1979年首次走出国门、在美国开花结果开始，目前中国杂交水稻已在世界上30多个国家和地区进行研究和推广，种植面积达到150万公顷。杂交水稻不仅解决了中国人的吃饭问题，对世界减少饥饿也做出了卓越的贡献。

中国杂交水稻被冠以“东方魔稻”“巨人稻”“瀑布稻”等美称，甚至将之与中国古代四大发明相媲美。袁隆平，是中国科技界的骄傲！

袁隆平的成就使我们深受鼓舞，袁隆平的成功也给我们很多启示。每个准备有所作为的年轻人，可以从袁隆平的成功中得到这样一个启示：一生干好一件事。每个人都应根据自己的特点确定主攻方向。认准了的事情就要坚决干下去，就要不畏困难、不畏风险、不畏嘲讽，持之以恒地干下去。

讨论题：

我国的强国之道是什么？你如何为国家的繁荣富强贡献力量？

主题二
创新成就未来

21 世纪是一个创新的时代，创新越来越为人们所关注。21 世纪是人类全面依靠知识创新和知识创新应用的可持续发展的世纪，科学技术突飞猛进，尤其在信息、生命、材料、能源、认知等科学技术领域，酝酿着新的革命，人类将进一步向太空、海洋和地球深部拓展，去探索新资源和生存空间，世界经济发展出现了新的变化，知识经济出现端倪。世界各国之间的竞争是综合国力的竞争，说到底，是国民创造力的竞争，是创造性人才的创造速度和创造效率的竞争。

在这样的背景下，具有远见的各国领导人都竞相提出要把创新能力变成知识经济发展的最主要的动力源泉，在努力寻求新的经济增长方式的过程中，知识与创新成为知识经济社会的第一资源。所以说，创新才有未来。

宜家的创新动力

宜家（IKEA），于 1943 年创建于瑞典，主要以特许经营的方式出售它所生产的产品，而宜家的总部主要负责宜家产品的设计、采购和后勤管理。

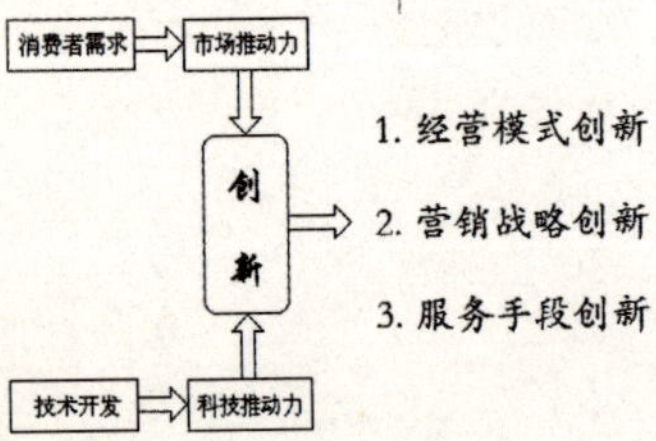

创新动力模型是宜家家居的重要管理工具之一。宜家的创新动力模型如左图所示，市场推动力和科技推动力是宜家的创新动力。宜家的创新不是单一的，它的创新致力于经营模式创新、营销战略创新和服务手段创新等各个方面。

宜家创始初期，创始人坎将拉德从消费者需

求分析，发现人们对家具的巨大需求，这一市场推动力促使了如今宜家的诞生。科学技术是第一生产力，科技的发展、信息的广泛传播，使得宜家在生产工艺上得到长足发展。

宜家公司开创了“体验式、开放式营销”，以样板间展示产品的现场效果。采取销协员咨询、店内展示的自助式购物，宜家主要以产品目录的形式展示自己，向消费者直观介绍企业产品。“宜家目录”可以说是宜家集团的一扇窗户，既是以消费者为中心的一种信息服务方式，又是一种有效的广告宣传，一直被作为其主要的市场推广手段，并称之为宜家独特的商业文化精神体现。

通过对宜家品牌与企业文化创新研究发现：中国企业要想应对飞速变化的市场形势，使企业不断壮大实力，提高竞争力，走上良性发展的道路，需要通过不断地学习，掌握新的信息，提高自身，重视企业品牌及文化创新。对于中国家具生产企业来说，要想不断提高竞争力，在激烈的市场竞争中占据一席之地，必须要在设计、经营、管理等方面不断进行创新，并积极开发新的发展模式和增强企业的文化底蕴，加强品牌文化创新，不断地壮大自己。

公牛插座
中国智造

公牛插座是公牛集团的产品品类，公牛集团创立于 1995 年，是国内领先的高档开关插座、转换器的专业供应商。作为插座行业的专家与领导者，公牛牌插座持续提升企业自主创新能力，不打劳动密集牌、不照搬国外技术、不打价格战，推出防雷插座、儿童保护插座、防脱插座、抗电涌插座等安全升级的创新产品，成就公牛牌插座“中国智造”的品牌形象。部分产品如图所示。

2010 年推出冠能系列，2011 年推出 Q 系列、防雷插座，2012 年推出儿童保护插座、防脱插座、炫彩系列、电脑专用系列、USB 系列。

2014 年 8 月 28 日，公牛抗电涌插座正式全面上线，是市场上第一款专为智能电器设计的电源

防雷插座

儿童保护插座

防脱插座

Q 系列插座

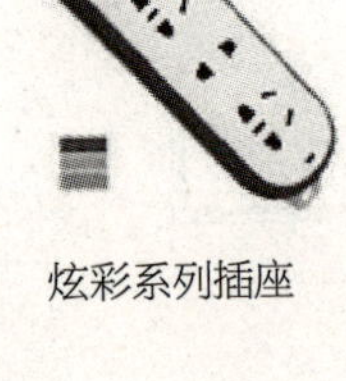
炫彩系列插座

USB 系列插座

电脑专用系列

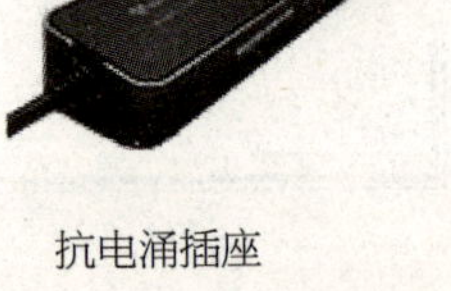
抗电涌插座

插座。它采用独特的集成抗电涌设计，帮助智能电器有效对抗7大电涌损伤，如：屏幕闪抖、声音嘈杂、电池短命、数据错失、卡机重启、性能衰退、电路烧毁。

讨论题：

① 宜家的创新主要体现在哪些方面？

② 如何理解公牛插座的“中国智造”？

【知识拓展】

创新的哲学要点：

1. 物质的发展。物质形态对于我们来说是具体矛盾。我们认识的宇宙与哲学的宇宙在哲学上代表了实践的范畴与实践的矛盾世界两个不同的含义。创新就是创造属于实践范畴的新事物。任何有限的存在都是可以无限再创造的。

2. 矛盾是创新的核心。矛盾是物质的本质与形式的统一。物质的具体存在者与存在本身都是矛盾的。任何以人的自我内在矛盾创造的新事物都是创新。

3. 人是自我创新的结果。人以创新创造出人对于自然的否定性发展。这是人超越自然达成自觉自我的基本路径。人的内在自觉与外在自发构成规律在物质的总体上形成对立的内在必然与外在必然的差异。创新就是人的自觉自发！

4. 创新是人自我发展的基本路径。创新与积累行为构成一个矛盾发展过程。创新是对于重复、简单的劳动方式的否定，是对于人类实践范畴的超越。新的创造方式创造新的自我！

5. 认识论上看，创新是自我意识的发展。自我意识的发展是自我存在的矛盾面，其发展必然推动自我的行为的发展，推动自我生命的发展。

【启示感悟】

社会的前进需要不断创新的人。陶行知说得不错，我们每一个人都可能成为一个敢于创新、学会创造之人，只要我们肯努力、肯付出，任何时间、任何地点，都有我们展现才华的机会。只有创造和创新，才能让我们的国家更加繁荣富强。从这一刻开始吧，大胆挑战，敢于创新，学会创造，你，就是祖国未来的栋梁，未来的骄傲！

【能力训练】

训练 1：请列举出木炭的 5 种用途。

【提示】木炭能够取暖，可以烤食品，可以消除甲醛，可以清除异味，等等。

训练 2：请列举出乒乓球的 5 种用途。

【提示】乒乓球可以玩游戏，做儿童玩具、体育用品、计数器、简易救生圈，等等。

训练 3：试给 10 个“十”字加上最多三笔构成新的汉字。

十 十 十 十 十 十 十 十 十 十

【提示】田、用、平、中、土、士、木、术、禾、本、丰、千、古、支、干、斗、王、什、汁等。

训练 4：请列举手机的 5 个缺点，并加以改进。

【提示】有辐射、不够个性、有的地方接收信号不好、易丢、有骚扰信息。针对自己所说的缺点，提出改进设想。

【我的创新体会】

____

____

____

____

____

项目二

想一想

——创新思维训练

活动 1

联想思维训练

联想思维最典型的例子就是“牛顿——苹果——万有引力”。牛顿从自然界最常见的一个自然现象——苹果落地，联想到引力，又从引力联系到质量、速度、空间距离等因素，进而推导出力学三大定律，这就是联想思维。本次活动从类比联想法、对比联想法、因果联想法、辐射联想法这四个方面进行讨论。

【活动简介】

【专题讨论】

主题一
类比联想法

类比联想法有拟人类比、直接类比和象征类比等。

拟人类比是将人设想为创造对象的某个因素，设身处地想象，从而得到有益的启示。

直接类比是将创造对象直接与相类似的事物或现象作比较。直接类比简单、快速，可避开盲目思考。类比对象的本质特征越接近，则成功率越大。

象征类比是借助事物形象和象征符号来比喻某种抽象的概念或思维感情。象征类比是直觉感知，并使问题关键显现、简化。

能说“谢谢”的垃圾桶

公园对垃圾桶进行改进设计，采用拟人类比法对垃圾桶进行改进设计，当把废弃物“喂”入垃圾桶内时，让它道声“谢谢”，由此游人兴趣盎然，专门捡起垃圾放入桶内。

著名的欧姆定律

物理学家欧姆将电与热从流动特征考虑进行直接类比，把电势比作温度，把电流总量比作一定的热量，终于首先提出了著名的欧姆定律。

文学作品、建筑设计中的象征类比

玫瑰花喻爱情，绿色喻春天，火炬喻光明，日出喻新生，等等。

纪念碑、纪念馆要赋予“宏伟”“庄严”的象征格调，音乐厅、舞厅则要赋予“艺术”“幽雅”的象征格调。

讨论题：

① 辽宁有一个叫王成的小学生，在上写字课时，坐在他后面的同学不小心把墨汁瓶打翻了，弄得王成一背的墨汁。在班上，这样的事情已发生多次。王成想：能不能发明一种即使翻倒后也不会泼出墨水的墨水瓶呢？有一次他看到一种塑料瓶，盖子里面连着一个内盖，他突发联想，要是在墨水瓶的口上也往下插一个长一点的内盖，墨水不就泼不出来了吗？“翻倒后不会泼出墨水的墨水瓶”这一发明获得全国中小学发明竞赛一等奖。

由上述例子得到启发，请对书包提出改进意见。

② 对立体声收录机改进的方法如下图所示。

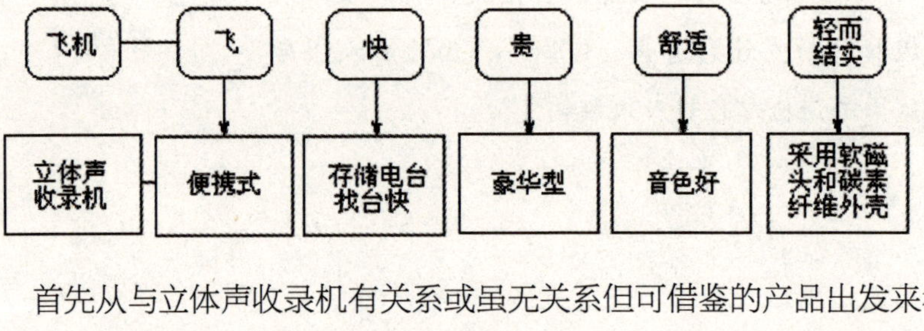

首先从与立体声收录机有关系或虽无关系但可借鉴的产品出发来考虑，例如飞机；接着列出飞机的各种特征，例如飞、快、贵、舒适、轻而结实等；然后再与立体声收录机进行联想，看是否可以改进立体声收录机。

用上述方法对伞进行改进。

主题二
对比联想法

对比联想就是由事物间完全对立或存在的某些差异而引起的联想。

曲柄摇杆机构

在曲柄摇杆机构中，即使曲柄匀速转动，摇杆摆动的角速度并不均匀。工程中，有时希望摇杆能获得近似均匀的角速度。曲柄摇杆机构是将主动件曲柄的匀速转动变成从动件的变速运动，反过来，让变速运动的摇杆作主动件，就可使曲柄做匀速运动，若不做整周转动，即可得匀速摆动。

讨论题：

① 将下列各组具有相反意义的词语用对比的方法进行奇特联想：牛粪——鲜花，懒惰——勤劳，太阳——月亮，小岛——大海，铁钉——锤子，美丽——丑陋，乌龟——兔子，井水——河水，平原——高山。通过联想，现在检验一下自己的记忆效果：只看每组左边的词能不能说出右边的词，或只看右边的词，能不能说出左边的词。

② 看过《水浒传》的人，只要说起黑旋风李逵，自然就想到了浪里白条张顺；看过《三国演义》的人，只要说起红脸关公，自然就想到了白脸曹操；有人谈到北方的青纱帐，自然就想起南方的甘蔗林……仔细想想，说出具有相反意义的一对词语。

主题三
因果联想法

根据一事物的因果关系推出另一事物的因果关系的思维方法，称为因果联想法。因果联想，要善于寻找过去已确定的因果关系，善于发现事物的本质。

人造牛黄

广东海康县药品公司在研究人造牛黄的过程中，从人造珍珠得到联想的启示，由此进行因果联想。人造珍珠是由碎粒嵌入河蚌的体内，河蚌分泌出黏液包住摩擦而成，这和天然牛黄的形成过程十分相似：牛胆囊里进了异物后，以它为中心，周围凝聚许多胆素的分泌物，逐渐就形成了牛胆结石——牛黄。于是他们对牛施行了外科手术，在胆囊里植入异物，经过一年的实践，果然从牛胆里取出了结石——人造牛黄。这项科研成果的取得，靠的就是联想。

加入发泡剂的合成树脂，其中充满微小孔洞，具有省料、轻巧、隔热、隔音等良好性能。运用因果联想，联想到在水泥中加入发泡剂，结果发明了一种具有同样优良性能的新型建筑材料——气泡混凝土。

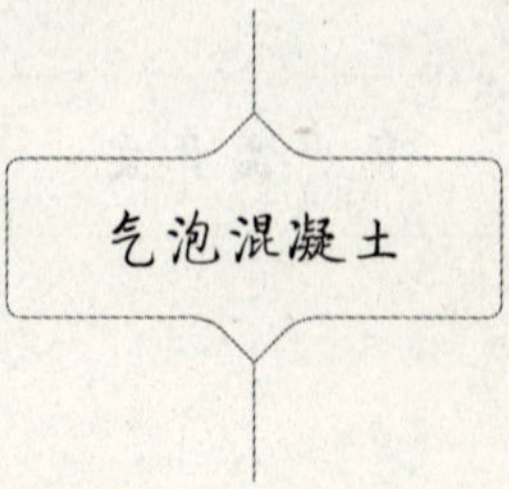

讨论题：

澳大利亚甘蔗种植人在收获时发现有一片甘蔗田产量意外地提高了50%，原因何在呢？他们回忆起：在栽甘蔗前一个月，有一些水泥洒落在这片地里，难道这就是甘蔗高产的原因吗？经过反复研究，发现正是水泥中的硅酸钙使这片酸性土壤得到了改良，提高了甘蔗产量。意外地找到事物间的因果关系，也可以带来意外的结果！于是，创造出了什么肥料？

【提示】水泥肥料。

主题四
辐射联想法

辐射联想法是指由一个事物作为触发点，向四面八方联想熟悉的生活与知识领域。也可以说是一种发散式的联想，可以从过去、现在、未来，已知、未知，动态、静态，顺向、逆向，等等，多方面进行发散辐射联想。

纸产品开发

开发思路：一切材料是否能用纸来代替？例如金属、陶瓷、玻璃、塑料、木、布等。如用纸代替塑料可以开发杯子、袋、筒、快餐盒、瓶等产品。如用纸代替布可以开发尿布、内衣、内裤、袜子、手帕、毛巾、桌布、窗帘等产品。

小电机的辐射

如下图所示，应用辐射组合，小电机可以开发刮脸刀、理发推子、电脑风扇、按摩器、磨指甲刀、电吹风、玩具飞机、微型电扇等新产品。

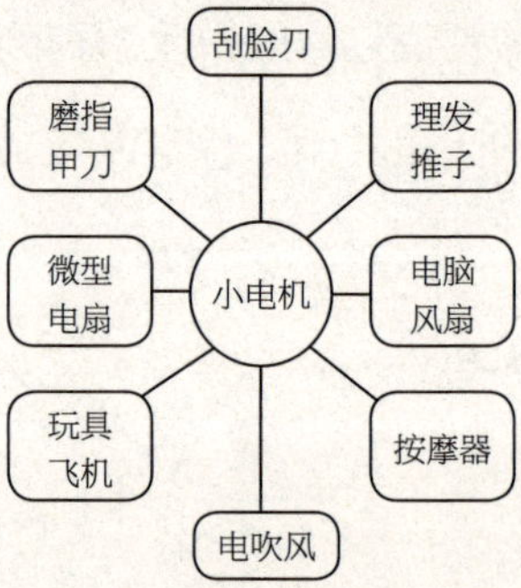

讨论题：

砖除了用来砌墙外，还有很多用途，请你运用辐射联想，说说砖还有哪些其他作用。

【提示】从砖的质地联想：由砖具有刚性，宁折不弯，宁碎不软，联想到做人应有刚强不屈的气节。

从砖的制作联想：由软泥巴脱成坯，晒干，经烈火的烧制变成坚硬的砖，联想到要想成为一个具有坚强意志和过硬本领的人，必须经过艰难困苦的磨炼。

从砖的用途联想，可说的就更多了：

①单独一块砖，作用不大，但作为整个建筑物的一个最基本的组成部分，却是不可或缺的，由此引出个体与集体的关系问题，二者互为依存，密不可分，个体脱离了整体，就没有多少价值，而整体若没有个体，也不成其为整体。

②一块长城砖不大显眼，但伟大的万里长城正是由这一块块砖构成的，由此引出“伟大出自平凡”，或“团结就是力量”。

③一堆堆码放在一起的砖，很不坚固，因为砖与砖之间缺少水泥、石灰之类的黏结剂，由此联想到“人与人之间如果缺少理解与沟通，缺少共同的理想和奋斗目标，就只能是一盘散沙”。

④作为构筑墙体的砖，它们手拉手、肩并肩，几十年如一日，为人类遮风挡雨。天长日久，被风蚀雨淋，表层即使变成粉末脱落，也无悔地顽强地护卫着人类。

⑤砖可上可下，盖华屋美厦可以胜任，盖厕所猪圈也并无怨言，从不计较地位的高低，无论放在哪里，都忠于职守，决不见异思迁。

⑥作为铺路砖，任人踩，任人踏，为他人铺就了康庄大道，磨损了自己，甘愿牺牲个人利益换取别人的方便。

⑦作为地基，一块块好端端的砖被深埋地下，永远不见天日，一生默默无闻地承受着一切重压。我们的事业多么需要这种无私的奉献精神，多么需要千千万万坚强地支撑起社会主义大厦的基石。

【知识拓展】

联想思维是指人们在头脑中将一种事物的形象与另一种事物的形象联系起来，探索它们之间共同的或类似的规律，从而解决问题的思维方法。

类比联想法的实施分为：拟人类比、直接类比、象征类比。由此一类事物联想与之相似、相关的另一类事物，具有由浅入深的特点。

对比联想法就是由某一类事物联想与之相反、相对的另一类事物，并且形成鲜明对比。写作中的人物、环境、故事的对比描写，反衬手法描写等，都是对比联想法。

因果联想法就是由事物的原因联想事物的结果，或由事物的结果想象事物的原因。

辐射联想法就是从某种新技术、新工艺、新的自然效应出发，广泛地寻求各种可能的应用领域，将新的技术手段与这些领域内的现有技术相组合，形成新的应用技术。其特点是可以在一种新技术出现以后迅速地扩大它的应用范围。

【启示感悟】

客观世界是复杂的，是由许多形形色色的事物构成的，而不同事物之间则又存在着各种各样的差异和区别。正是由于这些差异，才使整个世界变得丰富多彩、千姿百态，同样也正是因为这些差异，才使得人们难以将它们联系到一起。事实证明，两个事物之间的差异越大，将它们联想到一起就越困难。而一旦将两种看似不相干的事物联系起来，往往就能做出创新。

【能力训练】

训练 1：三人同舟。

三位航海爱好者共有一只小艇。他们想做出一种安排，使每个人都可以随时取到小艇使用，而又不被别人偷去。为此，他们用三把锁和一条铁链把小艇锁在岸边。每人只有一把钥匙，但都能用自己的钥匙把锁打开，而用不着等待另外两人带着他们的钥匙前来协助。

这个巧妙的安排是怎样做的呢？

【提示】将三把锁一个套一个地锁在一起。三人中任何一人都可用他的钥匙把锁打开或重新锁上。

训练 2：根据提示，展开联想。

由水联想到的事物有哪些？由水联想到的成语有哪些？由水联想到的传说有哪些？由水联想到的诗句有哪些？

【提示】由水联想到的事物有：鱼、草、虾、贝壳、螃蟹；由水联想到的成语有：水滴石穿、水到渠成、水落石出；由水联想到的传说有：大禹治水、水漫金山、精卫填海；由水联想到的诗句有：为有源头活水来，小桥流水人家。

训练 3：趣解汉字。

仿照例句，任选一句，进行联想。

例：“兵”对“丘”说：看战争多残酷，两条腿都炸飞了。

“日”对“曰”说什么？“叉”对“又”说什么？

【提示】"日"对"曰"说：老兄，该减肥了。"叉"对"又"说：什么时候去整容了？脸上那颗痣呢？

训练4：两个空心球。

两个空心球，大小及重量相同，但材料不同：一个是金，一个是铅。空心球表面涂有相同颜色的油漆。现在要求在不破坏表面油漆的条件下用简易方法指出哪个是金的，哪个是铅的。

【提示】用相同的力原地旋转两个球，由于两球重心不同，线速度也就不同。因此，转得快的是金球，转得慢的是铅球。

【我的创新体会】

活动 2

逆向思维训练

逆向思维也叫反向思维或求异思维，它是对司空见惯的似乎已成定论的事物或观点反过来思考的一种思维方式。当大家都朝着一个固定的思维方向思考问题时，而你却独自朝相反的方向思索，这样的思维方式就叫逆向思维。“司马光砸缸”就是一个典型的例子。有人落水，常规的思维模式是“救人离水”，而司马光面对紧急险情，运用了逆向思维，果断地用石头把缸砸破，“让水离人”，救了小伙伴性命。逆向思维方式一般分为四类：结构逆向思维、功能逆向思维、状态逆向思维、因果逆向思维。本次活动从这四个方面进行讨论。

【活动简介】

【专题讨论】

主题一

结构逆向思维

结构逆向思维是指从已有事物的逆向结构形式中去设想，以寻求解决问题新途径的思维方法。一般可以从事物的结构位置、结构材料以及结构类型进行逆向思维。双尖绣花针就是一个结构逆向思维的典型实例。

双尖绣花针

一般绣花针针孔都在针的一头。穿上线以后，针总要反复翻转（使针尖朝向布面），这样在布上穿梭，才能缝成功。这样绣花相当麻烦。

发明者武汉市义烈巷小学学生王帆受到织渔网的梭子的启发，发明出一种来回都能绣花的双尖绣花针。

双尖绣花针的针孔在针的中间，两头是针尖。绣花时，针不必在布上来回翻转。把线穿在孔中，只要在布上用两头针尖来回穿就行，从而使绣花的速度提高近一半。

煎鱼不煳的锅

日本有一位家庭主妇对煎鱼时总是会粘到锅上感到很恼火，煎好的鱼常常是烂开，不成片。有一天，她在煎鱼时突然产生了一个念头，能不能不在锅的下面加热而在锅的上面加热呢？经过多次尝试，她想到了在锅盖里安装电炉丝这一从上面加热的方法，最终制成了令人满意的煎鱼不煳的锅。

讨论题：

试举一两个生活中结构逆向思维的实例。

主题二
功能逆向思维

功能逆向思维是指从原有事物相反功能方面去设想寻求解决问题的新途径的思维方法。谈到功能逆向思维，人们常常会联想到这么一句话，“失败是成功之母”。

保温瓶的妙用

保温瓶与人们的工作、生活关系密切。实验室里用它储存化学药品，野餐、看足球赛时人们用它储存食物和饮料。近年来保温瓶的出水口又添许多新花样，制出了压力保温瓶、接触式保温瓶等，但保温原理不变。保温瓶也经常为科学上的用途服务，例如当液体需要保持恒温时，牛痘疫苗、血清和其他液体也经常用保温瓶来运送。

保温瓶是最好的保温和保鲜容器，目前市面上大多数保温瓶厂所生产的保温瓶只是利用了保温瓶的保热功能。运用现有设备和现行工艺无须增加特别设备，即可由保温瓶开发出具有保冷、保热、保鲜三重功能的保温桶，再运用半导体器件将保温桶拓展到新的应用领域。延伸产业链，提升保温瓶的传统品质和价值，逐渐成为一个新的产业和效益增长点。

讨论题：

读完《保温瓶的妙用》后，概括保温瓶的两种逆向功能。

主题三
状态逆向思维

状态逆向思维是指人们根据事物某一状态的逆向方面来认识事物，引发创造发明的思维方法。

农村木工李林森

农村木工李林森运用逆向思维的方法，解决木料刨床易伤手问题，获得成功。以前的刨床旋转的刨刀滚动是固定的，木料要靠人用手来推动，推到最后，一不小心，手就被刨刀切了。这种结构世界通行，尽管人们采用各种光电、机械防护装置，但都是在“防”字上做文章。李林森采用与通行结构相反的结构，木料不动，刨刀滚动往复行走，从根本上解决了刨刀吃人手的问题。

为了改变人的体力消耗较大这一状况，人们从工具不动、木头动的角度出发，设计发明了电刨，从而大大提高了效率和工艺水平，减轻了劳动量。这里从木头静与动加工状态的改变，就可知它是与状态逆向思维的内容紧密相连的。

讨论题：

试分析《农村木工李林森》中的逆向思维过程。

主题四
因果逆向思维

因果逆向思维是指从已有的事物的因果关系中，变因为果去发现新的现象和规律，寻找解决问题新途径的思维方法。

法拉第成功地发现了电磁感应定律

1820年丹麦哥本哈根大学物理教授奥斯特，通过多次实验发现存在电流的磁效应。这一发现传到欧洲大陆后，吸引了许多人参加电磁学的研究。

英国物理学家法拉第怀着极大的兴趣重复了奥斯特的实验。果然，只要导线通上电流，导线附近的磁针立即会发生偏转，他深深地被这种奇异现象所吸引。

当时，德国古典哲学中的辩证思想已传入英国，法拉第受其影响，认为电和磁之间必然存在联系并且能相互转化。他想既然电能产生磁场，那么磁场也能产生电。

为了使这种设想能够实现，他从1821年开始做磁产生电的实验。多次实验都失败了，但他坚信，从反向思考问题的方法是正确的，并继续坚持这一思维方式。

十年后，法拉第设计了一种新的实验，他把一块条形磁铁插入一只缠着导线的空心圆筒里，结果导线两端连接的电流计上的指针发生了微弱的转动！电流产生了！

随后，他又设计了各种各样的实验，如两个线圈相对运动，磁作用力的变化同样也能产生电流。

法拉第十年不懈的努力并没有白费，1831 年他提出了著名的电磁感应定律，并根据这一定律发明了世界上第一台发电装置。

在电的发明史上，从奥斯特的电能生磁到法拉第的磁能生电，它们之间就有着因果逆向思维的联系。法拉第成功地发现电磁感应定律，是运用逆向思维方法的一次重大胜利。

讨论题：

谈谈阅读《法拉第成功地发现了电磁感应定律》后的感悟。

【知识拓展】

逆向思维具有普遍性、批判性和新颖性三大特点：

普遍性。逆向思维在各种领域、各种活动中都有适用性，由于对立统一规律是普遍适用的，而对立统一的形式又是多种多样的，有一种对立统一的形式，相应地就有一种逆向思维的角度，所以逆向思维也有无限多种形式。如性质上对立两极的转换：软与硬、高与低等；结构、位置上的互换、颠倒：上与下、左与右等；过程上的逆转：气态变液态或液态变气态、电转为磁或磁转为电等。不论哪种方式，只要从一个方面想到与之对立的另一方面，都是逆向思维。

批判性。逆向是与正向比较而言的，正向是指常规的、常识的、公认的或习惯的想法与做法。逆向思维则恰恰相反，是对传统、惯例、常识的反叛，是对常规的挑战。它能够克服思维定式，破除由经验和习惯造成的僵化的认识模式。

新颖性。循规蹈矩的思维和按传统方式解决问题虽然简单，但容易使思路僵化、刻板，摆脱不掉习惯的束缚，得到的往往是一些司空见惯的答案。其实，任何事物都具有多方面属性。由于受过去经验的影响，人们容易看到熟悉的一面，而对另一面却视而不见。逆向思维能克服这一障碍，往往是出人意料，给人以耳目一新的感觉。

积极的人像太阳，照到哪里哪里亮；消极的人像月亮，初一、十五不一样。想法决定我们的生活，有什么样的想法，即有什么样的未来。在创造发明的路上，更需要逆向思维，逆向思维可以创造出许多意想不到的人间奇迹。

【启示感悟】

【能力训练】

训练 1：填字。

在“不、仁、王、(　)、吾”的空白部分，要填入东、西、南、北、中的哪一个？

【提示】因为“不、仁、王、西、吾”的字体中，潜藏了汉字“一、二、三、四、五”。思索问题时，万一此路不通，就换个完全不一样的角度来看看。这个问题的文字排列，并没有任何意义，但在视觉上确实别有玄机。答案为西。

训练 2：逆向思维趣味应用。

有一道趣味题是这样的：有四个相同的瓶子，怎样摆放才能使其中任意两个瓶口的距离都相等呢？那么，办法是什么呢？

【提示】原来，把三个瓶子放在正三角形的顶点，将第四个瓶子倒过来放在三角形的中心位置，答案就出来了。把第四个瓶子“倒过来”，多么形象的逆向思维啊！

训练 3：数字规律。

找规律：3 、6 、21 、42 、84 、69 、（　）

【提示】大家把这些数都倒过来，变成了 3 、6 、12 、24 、48 、96 、（？）

？是 192 。倒过来便是 291。答案为 291。

训练 4：木料。

一个人有一些木料。星期一，这些木料的形状是立方体；星期二，这个人把木料弄成了圆柱体；星期三，他又把木料弄成了锥形体。虽然木料的形状变来变去，但他并没有对木料进行切割或雕琢。那么，他是怎么做的呢？

【提示】这些木料是锯屑。放在正方体的箱子里就是正方体。圆柱体、锥形体依次类推。

【我的创新体会】

活动 3

逻辑思维训练

逻辑思维，就是人在感性认识的基础上，以概念为操作的基本单元，以判断、推理为操作的基本形式，以辩证方法为指导，间接地、概括地反映客观事物规律的理性思维过程。逻辑思维的形式有形式逻辑、数理逻辑、辩证逻辑三种。本次活动从这三个方面进行讨论。

【活动简介】

【专题讨论】

主题一
形式逻辑

抛开具体的思维内容，仅从形式结构上研究概念、判断、推理及其联系的逻辑体系，就是形式逻辑（又叫普通逻辑，我们平常说的逻辑，一般也指的是形式逻辑）。

形式逻辑以保持思维的确定性为核心，帮助人们正确地思考问题和表达思想。思维要保持确定性，就要符合形式逻辑的一般规律，即同一律、矛盾律、排中律等。

同一律的内容：在同一思维过程中，必须在同一意义上使用概念和判断，不能混淆不相同的概念和判断。同一律强调思维过程的确定性，任何思想是真的就是真的，是假的就是假的。

矛盾律的内容：在同一思维过程中，相互背反的思想不能同时都是真的。矛盾律强调思维过程的无矛盾性。

排中律的内容：在同一思维过程中，两个相互矛盾的思想不能同时都是假的。排中律强调思维过程的明确性。

请　假

某员工找老板请一天假，老板给员工算了一笔细账："全年是365天，共有52周，每周你休息两天，总共104天，还剩下261天；你每天又有16个小时不在单位，又减去174天，现在，一年中你能工作的时间还剩下87天；你每天还有30分钟喝咖啡的时间，一年下来又减掉23天，剩下的工作时间还剩64天；每天午餐用掉1小时，再减去46天，还剩下18天；通常你每年要请2天病假，每年的法定节假日是5天，你能正常工作的时间就只有11天了；公司素来注重人文关怀，公司每年给员工10天的年假，这样一算，你每年能工作的时间只有1天。难道你还好意思请假吗？"请问：老板错在何处？

拿破仑的头骨

法国乡下有一个耍戏法的人，为了招揽更多观众，常常要喊出些惊人之语，有一次他喊道："快来看啊，这里有闻名天下的大英雄拿破仑的头骨。"很多人挤上前来观看，有个人疑惑着问道："听说拿破仑的脑袋很大的，怎么你这个头骨和普通人的头骨差不多大小呢？"耍戏法的回答说："先生，您真有眼力，我们这里展示的只是拿破仑儿童时代的头骨。"立刻有人惊叹说："拿破仑小时候的头骨竟然这么大，难怪后来能干出那么惊天动地的事业！"

华盛顿找马

一天，华盛顿家有一匹马被人偷走了，华盛顿同警察一起到偷马人的农场里去讨要。那人拒不归还，一口咬定说："这就是我的马。"华盛顿上前用双手遮住马的双眼问道："如果这马真是你的，你一定知道马的哪只眼睛是瞎的？"偷马人犹豫地说："我记得是右眼。"华盛顿放下手，马的右眼并没有瞎。偷马人急忙辩解道："我记错了，左眼才是瞎的。"华盛顿放下另一只手，马的左眼也没有瞎。偷马人还想狡辩，警察直接把他带走了。

讨论题：

上述三个案例符合形式逻辑的同一律、矛盾律、排中律的哪一种？

主题二
数理逻辑

数理逻辑是在普通逻辑（形式逻辑）基础上发展起来的新的逻辑分支学科。数理逻辑在深度和广度上推进了传统逻辑，使它更加精确和严密。

算一算

1. 如图，一个正方形分成了五个大小相等的长方形。每个长方形的周长都是 36 米，问这个正方形的周长是多少米?

a. 56 米　b. 68 米　c. 64 米　d. 60 米　e. 69 米

2. 某时刻钟表时针在 10 点到 11 点之间，此时刻再过 6 分钟后的分针和此时刻 3 分钟前的时针正好方向相反且在一条直线上，则此时刻为几点几分?

a. 10 点 25 分　b. 10 点 19 分　c. 10 点 20 分　d. 10 点 15 分　e. 10 点 30 分

3. 今年父亲年龄是儿子年龄的 10 倍，6 年后父亲年龄是儿子年龄的 4 倍，则今年父亲、儿子的年龄分别是多少?

a. 60 岁，6 岁　b. 50 岁，5 岁　c. 40 岁，4 岁

d. 30 岁，3 岁　e. 20 岁，2 岁

4. $1.1^2+1.2^2+1.3^2+1.4^2$ 的值是多少？

a. 5.04　b. 5.49　c. 6.06　d. 6.30　e. 6.45

案例探讨：

上述四个问题的答案是什么？

【提示】参考答案：1. 60 米；2. 10 点 15 分；3. 30 岁，3 岁；4. 6.30

主题三
辩证逻辑

辩证逻辑就是按照辩证唯物主义哲学对客观世界的认识方法和思维方式。它的思维原则主要有：全面性原则、动态性原则、实践性原则、具体性原则。

一个鸡蛋引发的故事

感性认识鸡蛋是椭圆形，可以滚动。理性认识鸡蛋富含蛋白质营养，蛋壳主要成分是钙，在一定的温度下蛋白质凝固。用辩证思维鸡蛋易碎，鸡蛋含有碳、氮、氢、氧等成分，鸡蛋可以孵小鸡，鸡蛋在沸水中煮 5 分钟，蛋白质会凝固。如下图所示：

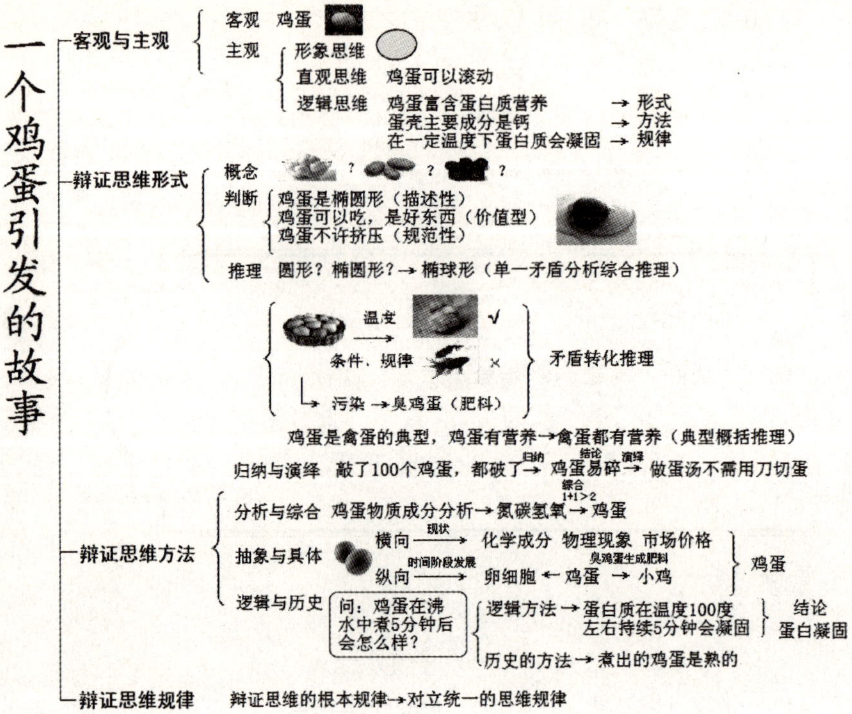

讨论题：

辩证思维的根本规律是什么？

【知识拓展】

逻辑思维（logical thinking），是人们在认识过程中借助于概念、判断、推理等思维形式能动地反映客观现实的理性认识过程，又称理论思维。它是作为对认识着的思维及其结构以及起作用的规律的分析而产生和发展起来的。只有经过逻辑思维，人们才能达到对具体对象本质规律的把握，进而认识客观世界。它是人的认识的高级阶段，即理性认识阶段。

由于数理逻辑使用了数学的语言和符号，揭示了事物和事物之间的数量关系，不仅深化了传统自然科学学科的研究，而且对计算机科学、控制技术、信息科学、生物科学等学科的发展有重要的意义。

【启示感悟】

逻辑思维对创新目标的实现有引导和调控作用。创新结果的正确与否需要通过逻辑推理检验。逻辑思维可以直接产生创新结果。创新成果推广应用需要逻辑思维。

【能力训练】

训练 1：陈奕迅

有首歌叫《十年》，吕珊

有首歌叫《3650 夜》。那现

在问，十年可能有多少天？

【提示】1900 年这个闰年 2 月是 28 天，

1898—1907 年这 10 年就是 3651 天，闰年如果

是整百的倍数，如 1800，1900，那么这个数必须是

400 的倍数才有 29 天，比如 1900 年 2 月有 28 天，2000

年 2 月有 29 天。十年可能包含 2~3 个闰年，3652 或 3653 天。

训练 2：数字推理。

1，3，3，5，7，9，13，15，（ ），（ ）

A. 19，21　　B. 19，23　　C. 21，23　　D. 27，30

【提示】因为奇偶项分两组 1、3、7、13、21 和 3、5、9、15、23，其中奇数项 1、3、7、13、21 推断是差为 2、4、6、8 的等差数列，偶数项 3、5、9、15、23 推断是差为 2、4、6、8 的等差数列。所以 1，3，3，5，7，9，13，15，（21），（23）。答案为 C。

训练 3：平面图形的空间还原。

在下图右边的 4 个图形中，只有一个是用左边的纸板折叠而成的。请你选出正确的一个。

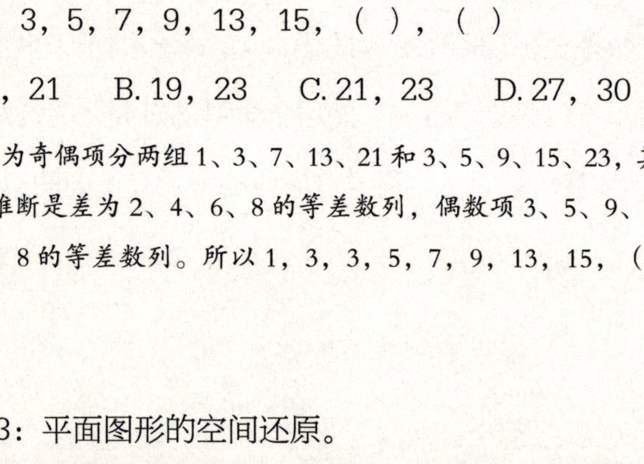

【提示】平面图形的空间还原，即一个平面图形，让你将这个平面图形还原成空间图形，从而考查你的空间想象能力。应抓住某个个别的可以确定的地方特征点，然后进行对照、排除。答案为 B 。

训练 4：两枚硬币。

在桌子上有两枚硬币，如下图所示。在不移动小硬币的情况下，如何把大硬币放在小硬币的下面？

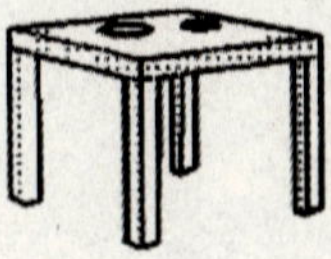

【提示】只是把大硬币放在桌子的下面，如下图所示。

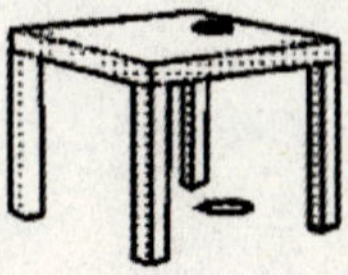

【我的创新体会】

注意力训练

记忆力训练

兴趣的培养

项目三

练一练

——创新能力训练

活动 1

注意力训练

注意力是指人的心理活动指向和集中于某种事物的能力。

本次活动从注意力听觉训练、注意力视觉训练两个方面进行讨论。

【活动简介】

【专题讨论】

主题一

注意力听觉训练

1. 听动协调能力训练：听数字训练，每个数字读一遍，听完后凭记忆写下听到的数字。

4726　35628　423791　2984348　52768429

2. 听觉辨别力训练：找不同，听读下面很相近的两句话，找出两句话中不同的三对词组。

最难以忍受的孤独，莫过于缺少真正的友谊。

最难以忍耐的孤独，莫过于缺乏真正的朋友。

【提示】忍受——忍耐，缺少——缺乏，友谊——朋友。

3. 听觉记忆训练：每组读一遍，回答遗漏的数字。

（1）37 38 39 41 42 43 44 47 48 51 52 53 54 55 56

（2）66 65 64 63 62 61 59 57 56 55 53 52 50 49 47

【提示】第一组：40，45，46，49，50；第二组：60，58，54，51，48。

4. 听觉专注力训练和听动协调能力训练：听词做动作，当听到水果就马上举起右手，当听到动物就马上举起左手。

橙子 老虎 葡萄 青蛙 苹果 猴子 香蕉 草莓 公鸡 西瓜

鸭子 狮子 大象 橘子 兔子 芒果 乌龟 熊猫 荔枝

主题二
注意力视觉训练

1. 视觉注意力训练：找出每组中与其他不一样的数字或字母。

（1）33383338333833383883333833338333383333833383333833383338333383333 共（ ）个

（2）PPPPPPBPPBPPPBPPPPPBPPPPPPBPPPPPBPPPPPBPPPPPBPPPPPB 共（ ）个

【提示】（1）15；（2）9。

2. 视觉分辨力训练：从下面的数字行中把所有 1771 圈出来。

1717 7117 1771 7711 7117 1717

1771 7171 7117 1717 7711 1771

7171 1717 1771 1717 7117 7171

1717 1177 1717 7711 7117 1771

1717 7117 1717 7171 1717 7171

【提示】5 个。

3. 舒尔特表。

舒尔特表可以通过动态的练习锻炼视神经末梢。

25 个数字的“舒尔特表”（如右图所示）训练：要求同学们在 25 秒内正确点击完表中无序的 1 ~ 25 个数字。训练所需时间越短，受训学生的注意力指数越高，视野也比较宽，思维反应快，速度也越敏捷。

25	8	14	10	19
7	24	17	11	13
23	16	1	9	21
15	18	2	4	20
22	12	3	6	5

【知识拓展】

注意力被人们称为心灵的门户。注意有四种品质，即注意的广度、注意的稳定性、注意的分配和注意的转移，这也是衡量一个人注意力好坏的标志。

注意的广度：是注意的范围有多大，它是指人们对于所注意的事物在一瞬间内清楚地觉察或认识的对象的数量。一般来说，孩子的注意广度要比成年人小。

注意的稳定性：指一个人在一定时间内，比较稳定地把注意力集中于某一特定的对象与活动的能力，也就是听课质量。

注意的分配：一个人在进行多种活动时能够把注意力平均分配于活动当中。要根据自己的实际能力，逐渐培养有效注意力的能力。

注意的转移：一个人能够主动地、有目的地及时将注意从一个对象或者活动调整到另一个对象或者活动。注意力转移的速度是思维灵活性的体现，也是快速加工信息形成判断的基本保证。

【启示感悟】

注意是一种意向活动。它在各种认知活动中起着主导的作用。人的所有心理活动总是和注意联系在一起的。要看书，你必须注意到它；要听音乐，你也必须先注意到音乐；要记忆学习内容，你也必须先把注意力集中到上面。不然，你就会视而不见、听而不闻，一事无成。注意力是记忆力的基础，记忆力是注意力的结果。没有良好的注意力就没有良好的记忆力，良好的记忆力是建立在良好的注意力基础上的。注意力是创新能力的基础。

【能力训练】

训练 1：下面的 100 个数字是打乱顺序后排列的，请你按照顺序在里面找出 15 个数字来，记录下你找到这 15 个连续数字所花的时间。(顺序自定，可以是 0 ~ 14 或 1 ~ 15 或 2 ~ 16 或 85 ~ 99，等等)

79	12	33	40	97	94	57	22	19	49
61	60	27	98	8	70	13	6	80	99
59	5	41	95	14	76	81	48	93	28
50	20	96	34	62	68	3	16	78	39
87	86	7	42	11	82	85	38	24	47
63	32	77	51	71	21	52	4	9	69
35	58	18	43	26	75	30	67	64	88
17	46	53	1	72	15	54	10	37	23
91	83	73	84	90	44	89	66	74	92
2	25	36	55	65	31	0	45	29	56

【提示】这个小测验是测试你在集中注意力时的记忆程度。如果你在 30 ~ 40 秒内就找到 15 个顺序数字，那你在集中注意力时的记忆程度就属于“优等”，大约只有 5% 的人有这样的能力；如果你用了 41 ~ 90 秒，那只能算是“一般”；如果你在 2 ~ 3 分钟内才找到，那你就应该是个注意力不集中的人了。

训练 2：你在面对一件比较重要的事时，是否能集中自己的注意力，告诉自己一定要记住？

【提示】回答“是”，表示你是一个注意力集中的人；回答“否”的人注意力分散，需要提高注意力。

训练 3：说说下面的绕口令，训练听觉分辨能力。

天上有个日头，地下有个石头，嘴里有个舌头，手上有五个指头。不管是天上的热日头，地下的硬石头，嘴里的软舌头，手上的手指头，还是热日头，硬石头，软舌头，手指头，反正都是练舌头。

训练 4：根据已知图形找规律，说出“？”应是下面 A、B、C、D 中的哪一个答案。

C S U　　D B ?

P O L R

A B C D

【提示】训练视觉和空间识别能力。第一组图形都是由一条曲线构成，而第二组图形都是由一条直线和一条曲线构成，所以答案为 A 项。

【我的创新体会】

活动 2

记忆力训练

记忆力是识记、保持、再认识和重现客观事物所反映的内容和经验的能力。本次活动主要就“脑中宇宙”和“记忆策略”两个主题展开讨论。

【活动简介】

【专题讨论】

主题一
脑中宇宙

我们凭着记忆吹奏乐器，用语言交谈；我们在脑中想象一幅图画，想象解出复杂的方程式。我们的记忆力为我们带来辉煌的成就，然而，记忆的所在地“大脑”到底是什么呢？宇宙是一个巨大的脑，人脑是其中一部分。人是宇宙中的一个分子，是宇宙之子、自然之子，宇宙中发生的一切事物都会印在我们的大脑之中，人脑装满宇宙的信息，这个情况有时人类可以觉察发现，有的情况无法觉察发现。大脑控制身体、感觉和行为，大脑中的神经细胞相互交织形成一张神经网。记忆，只是大脑负责的众多任务的一种，只有当你有相应的动力时，训练记忆才会有成效，但也应避免让大脑紧张和超负荷工作，正确的观念是改善记忆力之路。

被网友称为“指纹哥”的吴天胜

吴天胜，男，1984年出生于广东廉江市河唇镇一个贫穷的农民家庭，考上大学后，由于记性不好，第一学期竟有三门功课“亮红灯”。但他并没有萎靡不振，而是奋发图强，最终成为全球最年轻的世界记忆冠军。

吴天胜偶然在图书馆里看到一则新闻，了解到世界上有一种运动叫作脑力运动。没想到，这则简讯改变了他的命运，为其今后发展开拓了绿洲。

从那开始，吴天胜就迷上了脑力运动，开始进行提高记忆力的训练。一个偶然的机会，他参加了中国中央电视台举行的记忆王大赛，打败很多名牌大学的学生，赢取了人生中第一个第一名。

吴天胜在挑战记灯泡时，需在1分钟之内记忆100个灯泡的随机亮灭顺序。他盯着面前几排忽明忽暗的灯泡，眼睛也跟着左右扫视，脸上的表情却显得胸有成竹。这件看似常人无法做到的事情，他用63秒就做到了，并获得了吉尼斯世界纪录。

自我培训出超凡记忆的吴天胜，迅速地从“学渣”变成了“学霸”：他1天阅读并掌握5~10本书，2天记熟1000个大学英语单词，4天记住《孙子兵法》。学习成绩直线飙升，并获得学校“创新学子特等奖”。

在2014年1月10日江苏卫视播出的《最强大脑》节目中，他挑战了指纹识人。科学家魏坤琳临时加试，随意取下一块指纹，让吴天胜直接说出名字并取得成功。指纹识人震惊全场，被网友称为“指纹哥”。

我们要用更为高效、快捷的方法，来尽可能多地记忆与工作密切相关的数据。这时，记忆法就成为必需的工具。正如吴天胜所说，图像对记忆的帮助至关重要，最古老的增强记忆力的方法就是合理利用立体图像来辅助记忆。

艾宾浩斯遗忘曲线

赫尔曼·艾宾浩斯 1850 年 1 月 24 日出生于德国波恩附近的巴门，是德国心理学家。

他在 1885 年研究发现，遗忘在学习之后立即开始，而且遗忘的进程并不是均匀的。最初遗忘速度很快，以后逐渐缓慢。他认为保持和遗忘是时间的函数，并根据他的实验结果绘成描述遗忘进程的曲线，这就是著名的艾宾浩斯遗忘曲线。如右图所示，竖轴表示学习中记住的知识数量，横轴表示时间（天数），曲线表示记忆量变化的规律。

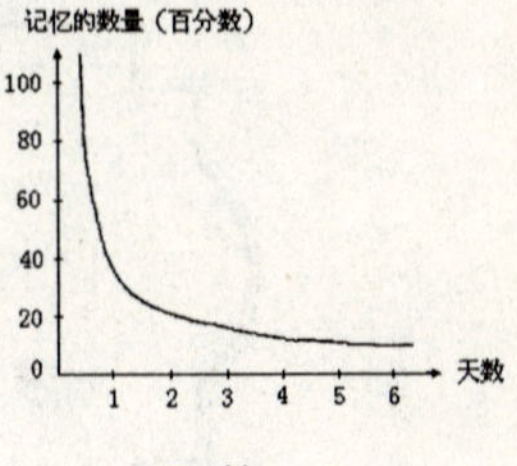

(a)

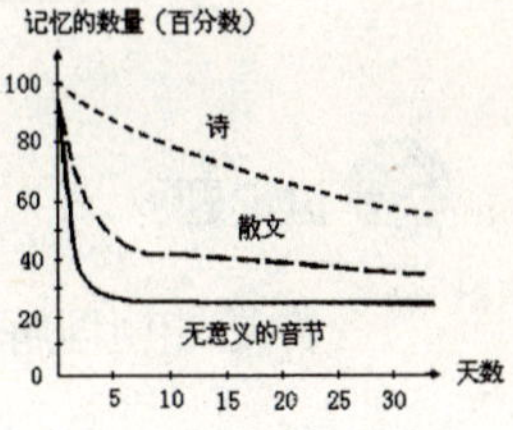

(b)

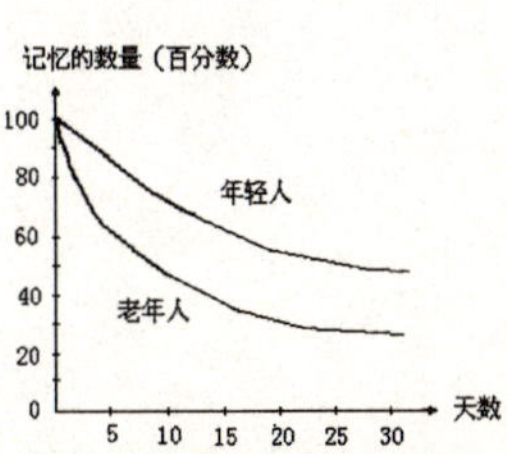

(c)

这条曲线告诉人们记忆的先快后慢原则：如图（a）所示，在学习中的遗忘是有规律的，遗忘的进程不是均衡的，不是固定的一天丢掉几个，转天又丢几个，而是在记忆的最初阶段遗忘的速度很快，后来不就逐渐减慢了，到了相当长的时间后，几乎就不再遗忘了，这就是遗忘发展规律即“先快后慢”的原则。

艾宾浩斯还在关于记忆的实验中发现：不同记忆对象有不同的遗忘曲线。如图（b）所示，比较容易记忆的是那些有意义的材料，如诗歌等，而那些无意义的材料，在记忆的时候比较费力气，在以后回忆起来的时候也很不轻松。

不同的人有不同的艾宾浩斯记忆曲线。记忆规律可以具体到我们每个人，因为我们的生理特点、生活经历不同，可能导致我们有不同的记忆习惯、记忆方式、记忆特点。如图（c）所示，老年人随着大脑的衰老，记忆能力也将越来越差。

记忆与遗忘都有一定的规律可循，如果掌握了记忆的规律，学会组织信息的策略和方法，通过不断的练习和实践，每个人都能使记忆能力有所提高。

讨论题：

你是如何理解“只有当你有相应的动力时，训练记忆才会有成效”这句话的？

主题二

记忆策略

人人都梦想有过目不忘的本领，也就是说，我们渴望有惊人的记忆力。那么如何让记忆变得更高效呢？

形象记忆是人脑中最能在深层次起作用的、最积极的也是最有潜力可挖的一种记忆力。它是目前最符合人类的右脑运作模式的记忆法，它可以让人瞬间记忆上千个电话号码，而且可达一个星期之久而不会忘记。

记忆策略 1：形象记忆法

例如：请在 30 秒时间内记住下列词语：

风筝、铅笔、汽车、电饭锅、蜡烛、果酱。

你要想象，你放着天空中一个白色的风筝。忽然有一支铅笔，被丢了上去，把风筝刺了个大洞，于是风筝掉了下来。而铅笔也掉了下来，砸到了一辆汽车，挡风玻璃也全破了。后来，汽车只好放到一个大电饭锅里去，当汽车放入电饭锅时，汽车熔化了，变软了。后来，你拿着一支蜡烛，敲着电饭锅，当当当的声音，非常地大声，而蜡烛被涂上了果酱。

记忆策略2：谐音记忆法

把无意义的学习材料以奇特的编码方式赋予特别的意义，引起趣味，产生记忆的愿望。

例如：请将01 ~ 40数字编成便于记忆的故事。

有一个人用灵药（01）击打铃儿（02），提醒获奖者过来领赏（03），领赏者边走边吃零食（04），一路上鹦鹉（05）热情地打招呼，鹦鹉告诉大家按路标（06）指示的方向前进。在路的对面，一个人手执令旗（07）指挥人们在泥巴（08）里种菱角（09）。人们完成菱角种植就去打棒球（10），一位女士用筷子（11）将棒球夹给婴儿（12），被医生（13）接住了。医生拿一把钥匙（14）打开宇宙飞船，飞上了圆月（15），在月球上采了一束玫瑰（16）花，放进仪器（17）里，瞬间变成钞票（18），他用钞票买了一瓶药酒（19），和妻子一边抽香烟（20）一边喝酒，一边讲鳄鱼（21）和双胞胎（22）联合击败乔丹（23）的故事。路过的乞丐（24）听见了就用二胡（25）编首歌，坐在二流（26）子旁边，戴着耳机（27）在路边卖唱，引来了恶霸（28）和二舅（29），但二舅没兴趣，他开着三菱（30）车去餐馆吃山芋（31），吃饱后浑身发热就去拿扇儿（32），突然他眼前有一颗闪闪（33）发光的钻石，原来是一位绅士（34）走进来了。绅士讲他去了有山火（35）的地方，骑山鹿（36），烤山鸡（37），为了环保和不浪费他让女人（38）将鸡毛打扫干净后把剩下烤鸡用三角（39）尺做成的一盘菜送给司令（40）。

把新旧知识，相似、相近或相反的知识加以联系和区别，从而有利于巩固知识，这种方法就是比较记忆法。

记忆策略3：比较记忆法

例如，用比较记忆法辨别下列汉字。

汉字环境	读音	汉字环境	读音
用火烧	shāo	用水浇	jiāo
用丝绕	rào、rǎo	用手挠	náo
靠人是侥幸	jiǎo	食足才富饶	ráo
日出为拂晓	xiǎo	女子更妖娆	ráo

又如，用比较记忆法辨译下列英语单词。

英语单词	解　释
flash	1. 使闪光、使闪烁；2. 闪光、闪烁
flesh	肌（肉）
flush	1. 涌、涌流；2.（脸）发红、脸红；3. 突然发红、发亮
fresh	新的，新鲜的

归纳记忆法，是将所记忆内容按不同属性加以归纳，然后分门别类地记住这些内容及其属性的记忆方法。

记忆策略4：归类记忆法

例如，用归纳法记忆某些国家的特点。

特点	国家	特点	国家
城市岛国	新加坡	可可王国	科特迪瓦
群岛之国	印度尼西亚	咖啡王国	巴西
千湖之国	芬兰	香蕉王国	危地马拉
国中之国	梵蒂冈	天然橡胶和锡的王国	马来西亚
枫树之国	加拿大	铜矿之国	智利
仙人掌国	墨西哥	钟表王国	瑞士

记忆策略5：记忆高潮

我们要抓紧记忆高潮期进行记忆。人的大脑有四个记忆高潮。

清晨起床后，大脑经过一夜休息，此刻学习一些难记忆而又必须记忆的东西较为适宜。这是第一个记忆高潮。

上午8点至11点是第二个记忆高潮。此时体内肾上腺素分泌旺盛，精力充沛，大脑具有严谨而周密的思考能力。

第三个记忆高潮是下午6点至8点，不少人利用这段时间来回顾、复习全天学习过的东西，加深记忆，分门别类，归纳整理。

睡前一小时，是记忆的第四个高潮。利用这段时间对难以记忆的东西加以复习，不易遗忘。

当然，记忆策略还很多，如组合记忆法、交替记忆法、自测记忆法、系统记忆法、争论记忆法、概括记忆法、图像记忆法等，这里就不一一详述。我们要掌握记忆要领：第一，要尽量全面领会记忆材料的意义，对于没有意义的材料，或者没有内在意义联系的一组材料，应该设法赋予他们人为的意义，而且这种意义与人的关系密切，越富有情感色彩越容易记，这就是使材料意义化；第二，尽量利用形象记忆，譬如利用美好形象、奇特形象、愉快形象等的积极作用增强记忆，而且要对抽象的事物，通过丰富的联想和想象，赋予它们人为的形象，这种形象越离奇越有利于记忆，这就是使抽象事物具体化的过程。

讨论题：

① 在数字编码故事中，除了采用谐音记忆法外，还采用了哪些记忆方法？

② 你抓住记忆的最佳时期了吗？

【知识拓展】

提高记忆力的方法主要有：注意集中、兴趣浓厚、理解记忆、过度学习、及时复习、经常回忆、视听结合、多种手段、最佳时间、科学用脑。

注意集中：记忆时只要聚精会神、专心致志，排除杂念和外界干扰，大脑皮层就会留下深刻的记忆痕迹而不容易遗忘。

兴趣浓厚：如果对学习材料、知识对象感到索然无味，即使花再多时间，也难以记住。因此，培养学习兴趣至关重要。

理解记忆：只有理解的东西才能记得牢、记得久。仅靠死记硬背，则不容易记得住。对于重要的学习内容，如果做到理解和背诵相结合，记忆效果会更好。

过度学习：即对学习材料在记住的基础上，多记几遍，达到熟记、牢记的程度。

及时复习：遗忘的速度是先快后慢。对刚学过的知识，趁热打铁，及时温习巩固，是强化记忆痕迹、防止遗忘的有效手段。

经常回忆：学习时，不断进行尝试回忆，可使记忆错误得到纠正，遗漏得到弥补，使学习内容难点记得更牢。闲暇时经常回忆过去识记的对象，也能避免遗忘。

视听结合：可以同时利用语言功能和视、听觉器官的功能，来强化记忆，提高记忆效率。

多种手段：根据情况，灵活运用分类记忆、图表记忆、缩短记忆及列提纲、做笔记、做卡片等记忆方法，均能增强记忆力。

最佳时间：利用记忆高潮时间记忆难记的学习材料，效果较好。

科学用脑：在保证营养、积极休息、进行体育锻炼等保养大脑的基础上，科学用脑，防止过度疲劳，保持积极乐观的情绪，能大大提高大脑的工作效率。

【启示感悟】

记忆能力很重要，在很大程度上决定了一个人是否能够胜任自己的本职工作。如果你的记忆能力欠佳，甚至有严重的健忘症，就需要有良好的心理状态，在平时的生活、工作中注意调节自己的情绪、缓解压力、放松心情；有良好的生活习惯，调节自己的生物钟，从饮食、睡眠等方面下功夫；有科学的记忆方法，学习一些基础的记忆方法，遵循规律，及时复习，是创新的关键。

【能力训练】

训练 1：轻松记忆《弟子规》。

凡出言 信为先 诈与妄 奚可焉 话说多 不如少 惟其是 勿佞巧 奸巧语 秽污词 市井气 切戒之 见未真 勿轻言 知未的 勿轻传 事非宜 勿轻诺 苟轻诺 进退错 凡道字 重且舒 勿急疾 勿模糊 彼说长 此说短 不关己 莫闲管 见人善即思齐 纵去远 以渐跻 见人恶 即内省 有则改 无加警 唯德学 唯才艺 不如人 当自砺 若衣服 若饮食 不如人 勿生戚 闻过怒 闻誉乐 损友来 益友却 闻誉恐 闻过欣 直谅士 渐相亲 无心非 名为错 有心非 名为恶 过能改 归于无 倘掩饰 增一辜

【提示】1. 读音。

fán chū yán	xìn wéi xiān	zhà yǔ wàng	xī kě yān
凡 出 言	信 为 先	诈 与 妄	奚 可 焉
huà shuō duō	bù rú shǎo	wéi qí shì	wù nìng qiǎo
话 说 多	不 如 少	惟 其 是	勿 佞 巧
jiān qiǎo yǔ	huì wū cí	shì jǐng qì	qiè jiè zhī
奸 巧 语	秽 污 词	市 井 气	切 戒 之
jiàn wèi zhēn	wù qīng yán	zhī wèi dì	wù qīng chuán
见 未 真	勿 轻 言	知 未 的	勿 轻 传
shì fēi yí	wù qīng nuò	gǒu qīng nuò	jìn tuì cuò
事 非 宜	勿 轻 诺	苟 轻 诺	进 退 错
fán dào zì	zhòng qiě shū	wù jí jí	wù mó hū
凡 道 字	重 且 舒	勿 急 疾	勿 模 糊
bǐ shuō cháng	cǐ shuō duǎn	bù guān jǐ	mò xián guǎn
彼 说 长	此 说 短	不 关 己	莫 闲 管

jiàn rén shàn	jí sī qí	zòng qù yuǎn	yǐ jiàn jī
见 人 善	即 思 齐	纵 去 远	以 渐 跻
jiàn rén è	jí nèi xǐng	yǒu zé gǎi	wú jiā jǐng
见 人 恶	即 内 省	有 则 改	无 加 警
wéi dé xué	wéi cái yì	bù rú rén	dāng zì lì
唯 德 学	唯 才 艺	不 如 人	当 自 砺
ruò yī fú	ruò yǐn shí	bù rú rén	wù shēng qī
若 衣 服	若 饮 食	不 如 人	勿 生 戚
wén guò nù	wén yù lè	sǔn yǒu lái	yì yǒu què
闻 过 怒	闻 誉 乐	损 友 来	益 友 却
wén yù kǒng	wén guò xīn	zhí liàng shì	jiàn xiāng qīn
闻 誉 恐	闻 过 欣	直 谅 士	渐 相 亲
wú xīn fēi	míng wéi cuò	yǒu xīn fēi	míng wéi è
无 心 非	名 为 错	有 心 非	名 为 恶
guò néng gǎi	guī yú wú	tǎng yǎn shì	zēng yì gū
过 能 改	归 于 无	倘 掩 饰	增 一 辜

2. 解释。

开口说话，诚信为先，答应他人的事情，一定要遵守承诺，没有能力做到的事，不能随便答应，至于欺骗或花言巧语，更不能使用！

话多不如话少，话少不如话好。说话要恰到好处，该说的就说，不该说的绝对不说，立身处世应该谨言慎行，谈话内容要实事求是；不要花言巧语，好听却靠不住。奸诈取巧的语言，下流肮脏的话，以及街头无赖粗俗的口气，都要避免不去沾染。

任何事情在没有看到真相之前，不要轻易发表意见，对事情了解得不够清楚明白时，不可以任意传播，以免造成不良后果。

不合义理的事，不要轻易答应，如果轻易允诺，会造成做也不是，不做也不好，使自己进退两难。

讲话时要口齿清晰，咬字应该清楚，慢慢讲，不要太快，更不要模糊不清。他人来说是非，听听就算了，要有智慧判断，不要受影响，不要介入是非，事不关己不必多管。

看见他人的优点或善行义举，要立刻想到学习看齐，纵然目前能力相差很多，也要下定决心，逐渐赶上。

看见别人的缺点或不良的行为，要反躬自省，检讨自己是否也有这些缺失，有则改之，无则加勉。

每一个人都应当重视自己的品德、学问和才能技艺的培养，如果感觉到有不如人的地方，应当自我警惕，勉励自己要奋发图强。至于外表穿着，或者饮食不如他人，则不必放在心上，更没有必要忧虑自卑。

如果一个人听到别人说自己的缺失就生气，听到别人称赞自己就欢喜，那么坏朋友就会来接近你，真正的良朋益友反而逐渐疏远退却了。

反之，如果听到他人的称赞，不但没有得意忘形，反而会自省，唯恐做得不够好，继续努力；当别人批评自己的缺失时，不但不生气，还能欢喜接受，那么正直诚信的人，就会渐渐喜欢和我们亲近了。

无心之过称为错，若是明知故犯，有意犯错便是罪恶。知错能改，是勇者的行为，错误自然慢慢地减少消失。如果为了面子，死不认错，还要去掩饰，那就是错上加错了。

3. 记忆技巧。

凡出言 信为先——泛出盐，有辛味也有鲜味；

诈与妄 奚可焉——炸渔网，吸口烟；

话说多 不如少——话说太多，不如说少一点；

惟其是 勿佞巧——围着骑士，不能拧不能敲；

奸巧语 秽污词——煎草鱼，汇聚在污池里；

市井气 切戒之——首饰的金气，先切开戒指；

见未真 勿轻言——见到味精，还冒雾和青烟；

知未的 勿轻传——职位低，雾轻船；

事非宜 勿轻诺——是飞蚁，到雾里轻轻挪动；

苟轻诺 进退错——狗轻轻挪动，进退都是错；

凡道字 重且舒——凡是刀子，都有点重且很舒服；

勿急疾 勿模糊——乌鸡唧唧叫，叫到雾模糊；

彼说长 此说短——笔说长，尺说短；

不关己 莫闲管——不关机，摸弦管；

见人善 即思齐——见人在扇扇子，鸡丝齐；

纵去远 以渐跻——棕屈原，遇见鸡；

见人恶 即内省——见人作恶，即时内省；

有则改 无加警——有就要改，无就加紧；

唯德学 唯才艺——围着德国人，学才艺；

不如人 当自砺——不如人优秀，当然要自己鼓励自己；

若衣服 若饮食——衣服饮食；

不如人 勿生戚——不如人优秀，也无须生气

闻过怒 闻誉乐——闻锅就发怒，闻玉就快乐；

损友来 益友却——笋又来，蚁又缺；

闻誉恐 闻过欣——闻到玉就想到恐龙，闻到锅就想到猩猩；

直谅士 渐相亲——好的质量就是渐渐学会相亲；

无心非 名为错——悟空的心飞走了，命名为错；

有心非 名为恶——有心去飞，命名为鹅（恶）；

过能改 归于无——锅能改，鳜鱼就无；

倘掩饰 增一辜——糖演戏，增一菇。

训练 2：请在 2 分钟之内完成下列问题。

1. 你能在记忆时仔细观察对象，并考察与其相关联的事物，以便使记忆更加清楚吗？

2. 你会借助一些其他的方式，如听、说、写或亲身的经历，来加深你对记忆对象的认可，使你记得更牢吗？

3. 当碰到难题时，你是否能够不求助他人，单独解决？

4. 你能否利用其他辅助的方法，如表格、图样或总结等来帮助你记忆？

【提示】回答“是”表示你懂得记忆的正确方法，记忆力较强；回答“否”的人记忆方法欠妥，记忆力需要提高。

训练 3：请你试试看，“一、二、三、五、七、千”，各添上同一个字，

成为另外六个字。

【提示】各添上一个“口”字，成为“日、旦、亘（gèn）、吾、电、舌”六个字。

训练4：“世界之最”十问。

世界上最高的山峰叫什么名字？世界上最热的大陆叫什么名字？世界上最长的海沟叫什么名字？世界上最大的内海叫什么名字？世界上最大的岛屿叫什么名字？世界上最高的高原叫什么名字？世界上最大的高原叫什么名字？世界上最深的湖泊叫什么名字？世界上最长的海峡叫什么名字？世界上最宽的瀑布叫什么名字？

【提示】世界上最高的山峰叫珠穆朗玛峰；世界上最热的大陆叫非洲大陆；世界上最长的海沟叫（秘鲁的）智利海沟；世界上最大的内海叫地中海；世界上最大的岛屿叫格陵兰岛；世界上最高的高原叫青藏高原；世界上最大的高原叫巴西高原；世界上最深的湖泊叫贝加尔湖；世界上最长的海峡叫莫桑比克海峡；世界上最宽的瀑布叫莫西奥图尼亚瀑布。

【我的创新体会】

活动 3

兴趣的培养

对于兴趣有不同的定义和解释，我们可以简单地理解为由爱好、喜欢而产生的愉快情绪。本次活动主要分“成功来自兴趣”“培养兴趣爱好”“职业兴趣”三个主题进行讨论。

【活动简介】

【专题讨论】

主题一
成功来自兴趣

跟着兴趣走的篮球球星——姚明

姚明，1980 年出生于上海的一个篮球世家，中国篮球运动员。父亲 2.08 米，曾效力于上海男篮；母亲 1.88 米，是中国女篮 70 年代的主力队员。父母身高的特征和对篮球酷爱的基因，都毫无保留地传给了他。姚明 9 岁的时候，开始对篮球感兴趣。到 12 岁时，他已经非常喜欢篮球这项运动了。父母把他送到上海体育学院，他在那里每天都要打几个小时的篮球。由于离家的路途比较遥远，姚明住校，这使得他有更多的时间打篮球，他对篮球越发专注了。

萨博尼斯是姚明刚开始打球时的偶像，在姚明心目中，萨博尼斯是篮球中锋技术的教科书，他曾用“萨博尼斯”作为网名，每当他在场上时，他都会效仿他的偶像打球的方式。

姚明很关注以哈吉姆·奥拉朱旺为首的休斯敦火箭。这支球队，曾连续两年赢得NBA的总冠军。姚明迷上了这支球队，也非常崇拜奥拉朱旺。这些都使姚明对篮球更感兴趣，也使他打球的动力更足。

在NBA赛场，这个2.26米的高中锋Big Yao代表中国；在中国，这个名字代表梦想，代表中国人走向世界的风度和成功。姚明不是从天而降的英雄，他是靠着自己的努力、智慧、坚韧的职业体育精神，成为中国体育历史上国际影响力最大的运动员之一。

姚明对篮球产生了强烈的兴趣，所以才会关注篮球，才会为篮球倾注热情、付出努力。可见，兴趣对一个人的个性形成和发展、对一个人的生活和活动有巨大的作用。

讨论题：

试举例说明“成功来自兴趣”。

主题二
培养兴趣爱好

兴趣爱好不是天生就有的，它是环境影响和后天培养的结果。

1. 热爱生活，激发兴趣。丰富的生活是兴趣产生的土壤。一个人只要深入到现实生活中，就会遇到许多感兴趣的事物，要使自己能够产生广泛而多样的兴趣，我们应该要有积极的生活态度，乐观向上的人生观，热爱生活，热爱人生，用热情的态度去观察了解世界，积极参与各种社会活动，把自己与火热的生活紧密联系一起，这样，你就会感到世界的新奇美好，生活的多彩多姿，兴趣自然就会产生了。例如，要培养写诗的兴趣，就应先接触一些诗歌作品，体验一下诗歌美的意境，了解一点写诗的基本技能，这样就可能激发出诗歌习作的兴趣来。

2. 参加实践，强化兴趣。实践活动是培养兴趣的基本途径，也是增强兴趣的基本途径。在实践中获得成功，可以使人的需要得到满足，体会到成功的乐趣，从而增强兴趣。例如，生动的课外实践活动，能培养学生学习实践操作、动手动脑、发明创造的兴趣；开展劳动竞赛、体育比赛、文体活动，能激发学生对劳动、学习、体育、文体活动等的热情与兴趣。实践中，出现的新的未知领域，也会激发我们探求的欲望。

3. 明确目的，稳定兴趣。人对活动的结果及其重要意义有着明确认识之后所产生的兴趣称间接兴趣。这种兴趣是认识和从事活动的巨大动力，它可以使人智力得到开放，知识得到丰富，眼界得到开阔，并使人善于适应环境，对生活充满热情，不会偶遇挫折就轻易放弃。

例如，法国有个生物学家，少年时代可谓“朝三暮四”。最初，想当军人，后来又爱上气象学、金融学，想当气象学家、金融家，但很快又迷上了音乐，成天在家拉小提琴，后来还学了四年医，但都没多大兴趣，直到 24 岁时，在卢梭的引导下，才把生物学作为自己的志向，专心于生物学的研究，终于最早提出了生物进化论，成为一代科学巨匠，这就是达尔文。

4. 自我培养，优化兴趣 。由于所有的人所处的环境、所受的教育及主体条件各不相同，所以学生的兴趣都带有个性特点，因而要根据自身条件进行兴趣爱好的自我培养。例如，有人兴趣广泛而不集中，就应加强中心兴趣的培养；有人兴趣单一而不广泛，就应加强兴趣广泛性的培养；有人兴趣短暂易变，就应加强兴趣稳定性的培养；有人兴趣消极被动，就应加强兴趣效能性的培养；有人兴趣在网络世界，容易沉迷，那么就要加强引导，同时又要注意培养这些年轻人的高尚的人格。

兴趣是智慧的火种，求知的源泉，成长的推动力，让我们努力培养自己的良好兴趣爱好，铺筑一条事业成功之道。

主题三
职业兴趣

职业兴趣是一个人对待工作的态度，对工作的适应能力，表现为有从事相关工作的愿望和兴趣。拥有职业兴趣将增加个人的工作满意度、职业稳定性和职业成就感。

根据约翰·霍兰德职业兴趣理论的基本观点，职业选择是人格的一种表现，工作兴趣类型即人格类型。大多数人的人格特质可以归纳为六种类型：实用型、研究型、艺术型、社会型、企业型和事务型。

1. 实用型。

重视：具体实际的事物，诚实，有常识。

特点：喜欢使用工具或机械从事操作等动手性质的工作，动手能力强，通常喜欢亲自体验或实践理论和方法甚于与其他人讨论，一般不具有出众的交际能力，喜欢从事户外工作。

典型职业：木匠、汽车修理工、工程师、园艺师、兽医、足球教练员、军官。

2. 研究型。

重视：知识，学习，成就，独立。

特点：喜欢理论研究，潜心于专业领域的创新和应用；喜欢探索未知领域，擅长使用逻辑分析和推理解决问题。不喜欢官僚式的管理行为过多地影响研究工作。

典型职业：实验室工作人员、工程设计师、大学教授、心理学家、化学家、生物学家。

3. 艺术型。

重视：有创意的想法，自我表达，自由，美。

特点：热爱艺术，富有想象力、拥有很强的艺术创造力。乐于创造新颖、与众不同的成果，渴望表现个性，展现自己，做事理想化，追求完美。善于用艺术形式来表现自己和表现社会。进行艺术创作或创新时，不喜欢受约束和限制。

典型职业：厨师、室内装潢设计师、编辑、作家、音乐家、摄影师、漫画家、导演。

4. 社会型。

重视：服务社会与他人，公正，理解，平等，理想。

特点：乐于助人和与人打交道，乐于处理人际关系。喜欢从事对他人进行传授、培训、帮助等方面的服务工作。愿意发挥自己的感染力和说服力引导别人。通常他们有社会责任心，热情、善于合作、善良、耐心，重视社会义务和社会道德。

典型职业：牧师、护士、教师、社会工作者、心理咨询师。

5. 企业型。

重视：经济和社会地位上的成功，忠诚，冒险精神，责任。

特点：对其所能支配的各种资源能够进行有效的计划、组织、领导和控制。喜欢影响别人，敢于挑战，自信、有胆略、有抱负，沟通能力出色，擅长说服他人，追求声望、经济成就和社会地位。

典型职业：保险代理、营销商、市场部经理、律师、电视制片人、政治运动领袖。

6. 事务型。

重视：准确，有条理，节俭，盈利。

特点：尊重权威和规章制度，喜欢有秩序的、安稳的生活。惯于按照计划和指导做事，按部就班，细心有条理。不习惯自己对事情做判断和决策，较少发挥想象力。没有强烈的野心，不喜欢冒险。

典型职业：文字编辑、计算机操作员、书记员、办事员、税务员、会计师、银行家。

职业兴趣是以一定的素质为前提，在生涯实践过程中逐渐发生和发展起来的。它的形成与个人个性、个人情感、家庭环境、受教育程度、社会因素和职业需求有密切的关系。

个人个性：兴趣和爱好品位的高低受一个人的个性特征优劣的影响。

个人情感：认识越深刻，情感越丰富，兴趣也就越深厚。

家庭环境：家庭环境的熏陶对其职业兴趣的形成具有十分明显的导向作用。

受教育程度：个人学历层次越高，接受职业培训范围越广，其职业取向领域越宽。

社会因素：社会舆论对个人职业兴趣的影响主要体现在政府政策导向、传统文化、社会时尚等方面。兴趣和爱好是受社会性制约的，不同的环境、不同的职业、不同的文化层次的人，兴趣和爱好都不一样。

职业需求：职业需求是一定时期内用人单位可提供的不同职业岗位对从业人员的总需求量，它是影响个人职业兴趣的客观因素。

因此，职业规划对兴趣的探讨，应当结合个人的、家庭的、社会的因素来考虑。

讨论题：

文涛，大学毕业，来到了某中型城市从事企业管理工作。工作了五年，从一个小职员到现在的部门的工作能手，负责事务游刃有余。现在的他，更重要的是努力拓展事业的发展空间。在事业的发展道路上，他感到疲惫并影响工作热情，对自己下一步如何发展既迷茫，又力不从心，产生了强烈的职业危机感。

你认为，文涛该怎么办？

【提示】人们应勇于打破职业生涯中遇到的瓶颈，对自己的职业生涯重新规划，选择真正适合自己的工作。

【知识拓展】

兴趣是指对事物喜好或关切的情绪。

兴趣的发生和发展过程一般分为有趣、乐趣和志趣三个阶段。

第一个阶段：有趣。它是兴趣发展的低级阶段，它往往短暂易逝，非常不稳定。

第二个阶段：乐趣。它是在有趣定向发展的基础上形成的，是兴趣发展的中级阶段。

第三个阶段：志趣。当乐趣同你的社会责任感、理想、奋斗目标结合起来时，乐趣便变成了志趣。志趣是你取得成就的根本动力，是成功的重要保证。

兴趣有四种品质，它包括：

1. 兴趣的倾向性，指兴趣所指向的内容。是指向物质的，还是指向精神的内容；是指向高尚的，还是指向卑劣的内容。

2. 兴趣的广度，指兴趣的范围大小。有人兴趣广泛，有人兴趣狭窄。一般来说，兴趣广泛的人能获得广博的知识。

3. 兴趣的稳定性，指兴趣长时间保持在某一或某些对象上。只有具备了稳定性，一个人才可能在兴趣广泛的背景上形成中心兴趣，使兴趣获得深度。

4. 兴趣的效能，是指兴趣对活动发生作用的大小。凡是对实际活动发生的作用大的兴趣其效能作用也大；反之，对实际活动发生的作用小的兴趣其效能作用也小。

【启示感悟】

兴趣对一个人的作用表现在对未来活动的准备作用、对正在进行的活动的推动作用和对活动的创造性态度的促进作用。

兴趣是一个法宝，兴趣是一个手段，兴趣是一个武器，兴趣可以攻破方方面面的堡垒，指挥自己要用兴趣来指挥，调动自己要用兴趣来调动。

健康的兴趣爱好，可以使人感到生活的色彩，增加生活的乐趣；给人们带来娱乐、友谊和知识；可以陶冶性情，提高文化素养，有助于精神和心理的健康；可以激发创新意识，有助于事业的成功。

【能力训练】

训练 1：苹果能否帮助提高记忆力？

【提示】苹果能帮助提高记忆力：苹果是四大水果之一。苹果之所以能提高人的记忆力是因为它含有丰富的果糖、镁和微量元素锌等。这些微量元素都是大脑发育所不可缺少的，所以儿童在生长发育期应多吃苹果。

训练 2：向日葵的花总是朝着哪个方向？

【提示】向日葵的花总是朝着太阳。由于阳光把向日葵花盘中的管状小花晒热了，基部的纤维会发生收缩，这一收缩就使花盘能主动转换方向来接受阳光。所以，向日葵还可以称作“向热葵”。

训练 3：空气是空的吗？

【提示】空气并不空：干燥空气中氧气约占21%，氮气约占78%，其他气体约占1%。所以空气并不是“空”的。

训练 4：有没有不透明的水和透明的铁？

【提示】有不透明的水：只有薄层的水才是透明的，海洋的底层是漆黑的，因为阳光不能透过那么厚层的水；也有透明的铁：不久以前，一位科学家做了一块铁片，只有十万分之一毫米厚，这块铁片就像玻璃一样透明，而且几乎完全无色，把它放在书页上，可以一点不费事地读出最小号的字。

【我的创新体会】

项目四

学一学

——创新方法学习

活动 1

模仿法的学习

模仿法又称示范法、观摩法。它是美国心理学家班杜拉 1967 年根据其社会学习理论而创立发展出来的，是建立在班杜拉社会学习理论之上的一种咨询治疗方法。本次活动分“模仿学习的历程”“模仿法的类型”“仿生法”三个主题进行讨论。

【活动简介】

【专题讨论】

主题一

模仿学习的历程

模仿学习的历程如图所示，它经历了四个阶段：

1. 注意：正确觉察刺激的重要特征；

2. 保留：将观察所得印象转化为符号表象长期保留在记忆中；

3. 动作再现：将符号转化为实际动作；

4. 动机：行为结果得到强化，行为将会重现。

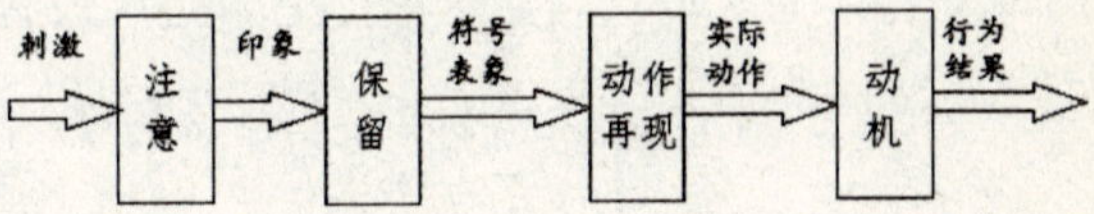

1891年冬天，美国教师詹姆斯·奈史密斯博士，根据学校的要求，设计出一项室内集体游戏。他从当地工人和儿童用球向桃子筐投准的游戏中得到启发，创编了篮球游戏。奈史密斯设计将两只桃篮分别钉在健身房内两端看台的栏杆上，桃篮口水平向上，距地面10英尺，以足球为比赛工具向篮内投掷，入篮得1分，按得分多少决定胜负。每当球投进的时候，就有一个专门的人踩在梯子上把球拿出来。为此，比赛不得不断断续续地进行，缺少激烈紧张的气氛。有一天，一位父亲带着他的儿子来看赛球，小孩子看到大人一

篮球运动起源于投桃子筐

次次不辞劳苦地取球，不由得大惑不解：为什么不把篮筐的底去掉呢？到1913年，由于每次投篮命中后都需要将球从篮筐内捞出太麻烦，于是人们将篮网底部剪开，形成了近似现代的篮板和球篮。因为这项游戏最初使用的是桃篮和球，遂取名为篮球。

去掉篮筐的底，就这么简单，但那么多有识之士都没有想到。听来让人费解，然而这个简单的“难题”困扰了人们多年。可见，无形的思维定式就像那个结实的篮子禁锢了我们的头脑，使得我们的思维就像篮球被“囚禁”在了篮筐里。生活中许多时候，我们就需要这样一把剪刀，去剪掉那些缠绕我们的篮筐，生活原本并没有那么复杂。

讨论题：

根据连环扣要求成语接龙。

四个成语连环扣要求：第一个成语的字尾和第二个成语的字头一致，第二个成语的字尾和第三个成语的字头一致，第三个成语的字尾和第四个成语的字头一致，第四个成语的字尾和第一个成语的字头一致，接第一个成语的第二个字。

【提示】一分为二，二龙戏珠，珠联璧合，合二为一；分秒必争，针锋相对，对事不对人，人以群分。

主题二
模仿法的类型

模仿法包括生活示范、象征性示范、角色扮演、参与示范、内隐示范等多种类型。如图所示：

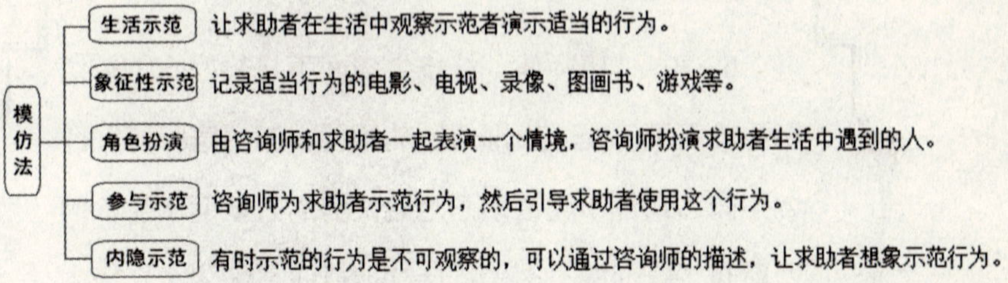

“康师傅”方便面

“康师傅”创始于1958年，当时为台湾彰化的鼎新油厂，1974年更名为顶新制油公司。1988年“康师傅”进入大陆市场，当时，魏氏兄弟并没有特别的优势，从资本、技术、产品、品牌、推广等各方面都只是一个普通的竞争者。直到1992年才在天津设厂进入方便面行业。当时的“日清”“统一”等所谓“高档面”都在口味更好、更营养的方便面上动脑筋。而“康师傅”方便面果断地选择了“大众化”“平价方便面”的道路。

“康师傅”实际上是第一个放弃“营养化”路线的方便面，因为魏氏兄弟看到，对于那些火车上的旅客或临时代餐的目标消费者来说，价格是一个重要的战略竞争要素。要实现规模化，产品不能复杂，尤其是消费者利益、广告诉求培养的选择驱动力等必须简单，于是，“好吃看得见”逐步被“就是这个味”“这个味对啦”等一系列以“味觉”为核心的产品诉求广告代替。

的确，“康师傅”红烧牛肉面不是最好吃的，红烧牛肉面更不是“康师傅”的原创；但“康师傅”红烧牛肉面却是市场销量占绝对优势的方便面单品，因为只有“康师傅”率先且持续地抓住、强化了红烧牛肉面的消费者利益聚焦点——味道。

讨论题：

模仿“拔河”游戏，设计一个“手指拔河”的游戏。

【提示】准备一条长5厘米、宽1厘米的牛皮纸条。两人对坐，各用拇指和食指夹紧小纸条，肘关节支撑在桌面上，上、下臂的夹角不小于90度，使纸条位于两人中间。游戏开始时，两人用力拉纸条，把纸条从对方手中拔出为胜。但只准平拉，不准有拧、撕等动作。

主题三

仿生法

仿生法就是模仿自然生物的功能、外形、结构等特征，来完成新的发明创造的方法。

功能仿生法是通过研究自然界植物和动物系统的优异功能特征，并有选择性地在设计过程中借鉴和应用这些功能特征。例如，蝙蝠与雷达。

研究模仿生物外部形状的创造方法称为外形仿生法。例如，杉树与电视塔。

模仿生物结构取得创新成果的方法称为结构仿生法。例如，茅草与锯子。

蝙蝠与雷达

蝙蝠是哺乳动物，它的嘴巴和鼻子上长着一个怪异的“鼻状叶”结构，周围还有皮肤“皱纹”，这些组成了一种奇特的超声波装置，夜间在空中飞翔，吃蚊、蛾等昆虫。它一边飞，一边从嘴里发出一种声音。这种声音叫作超声波，人的耳朵是听不见的，蝙蝠的耳朵却能听见。超声波像波浪一样向前推进，遇到障碍物就反射回来，传到蝙蝠的耳朵里，蝙蝠就立即改变飞行方向。蝙蝠的这种本领叫作“回声定位”。在第一次世界大战期间，人们根据蝙蝠的“回声定位”原理发明了雷达，雷达能及时探测出飞机的方位和距离，以便发出警报。雷达是利用极短的无线电波进行探测的装置。可用来测定目标的方向、距离、大小等，在使用上不受气候条件的影响，它广泛应用于军事、天文、气象、航海、航空等方面。

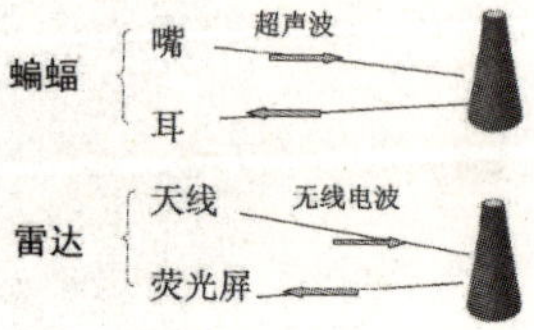

雷达是仿照蝙蝠制造出来的，如上图所示：飞机上的雷达的天线就像蝙蝠的嘴，雷达发出的无线电波就像蝙蝠的超声波，雷达的荧光屏就像蝙蝠的耳朵。

杉树与电视塔

云杉耐阴、耐旱、耐寒，生命力极为顽强。它生长于高寒湿润之巅，树势刚直不阿，呈现出一派傲霜斗雪之气势。云杉之所以可以适应山上长年累月的狂风袭击，达到数百余年的树龄，与云杉树干的整体构造是分不开的。其树干底部直径显著增大，形成一个圆锥形。人们模仿云杉对大风的适应性特点，把建造在风速达 80 米/秒山顶上的电视塔设计成类似圆锥体，就能抵抗住大风袭击。即使恶劣天气，电视塔仍能够岿然不动。

茅草与锯子

2000多年前，鲁国有一个手艺高超的木匠，名叫鲁班，他被后人誉为木工的祖师爷。一日，君王命令他修建宫殿，并对其限以时日，在那个时候，锯子还没有出现，木匠伐木都用斧子。用斧子伐木，不仅速度慢、费力，而且切口不平整。眼看君王规定的工期越来越近，鲁班真是焦急万分，但又一筹莫展。一天，他在上山伐木途中，手指被茅草划破，顿时鲜血隐出，他觉得奇怪，一片柔弱的草叶怎么会有如此威力呢？经过仔细观察，他发现茅草叶子两边长着锋利缘的锯齿，将铁条依样打磨，打磨后的细细铁条，果然神奇无比，伐木锯木飞快异常，随后，经过不断地改良，制成人类史上第一把带有锯齿的木工锯。

讨论题：

说说我们身边有哪些仿生技术。

【提示】尼龙搭扣的灵感来自于紧紧粘在动物皮毛上的带刺种子；医院使用的皮下注射针头模仿了响尾蛇的牙齿；耐克公司把山羊蹄子的特点用到跑鞋设计上，以增加鞋与地面的摩擦力，等等。

【知识拓展】

社会学习理论模仿法认为，人有许多复杂的行为是不可能通过经典条件反射和操作条件反射的作用来简单地加以控制或改变的，必须通过观摩、示范或学习，通过模仿才能获得。人们在遇到难以解决的问题时就开始细心地观察动物和植物，希望能从它们身上找到答案或启示，这种有意识地模仿生物进行创新发明的方法叫作仿生法。

仿生法除了功能仿生、外形仿生、结构仿生，还有形态仿生、意象仿生、肌理仿生、色彩仿生等。

【启示感悟】

模仿不是一种落后，不是一种耻辱，模仿是为了超越。任何一个人从睁眼看世界，到开始哭、笑，再到牙牙学语、迈步走路，一直到上学，整个过程都离不开模仿，模仿父母、模仿与之接触的人、模仿老师。由此可见，模仿并不是对人有害，正确的模仿还有助于人的成长。从某种意义上说，创新是我们生活的需要，模仿是最好的创新，中国人自古以来就把模仿当作创新的一种特别形式。

【能力训练】

训练题 1：你知道废水处理过程中运用的是什么处理方法吗？

【提示】废水处理过程中运用的是活性污泥处理法。

科学家发现，河流中夹杂的有机污泥流入海洋，海洋并不会受污染。这是为什么呢？原来，海洋中生长着能消化有机物质的净化细菌。有机物质经它消化后变成水和二氧化碳，从而使海洋具有净化作用。于是，科学家根据这一原理设计了一种模仿海洋自身净化作用的净化池，在池中放入含有净化细菌的污泥，然后再鼓入氧气，使净化细菌大量繁殖。这样，废水在净化细菌的作用下就变成了无污染的净水。这种通过模仿别种事物和机制原理来创造另一种事物的思维方法就是原理模仿思维法。

训练题 2：仿照下列句子的句式，再写两个句子。

也许，你站不成巍峨的高山，但你依然可以挺立成一棵青松或一枝秀竹，为生命添一分绿意，增一道风景。

【提示】例句从内容上看：是写一个人尽管平凡、渺小，也要积极地奉献。从句式看：是一个转折关系的复句。从修辞看：用的是比拟的手法。

仿句的话题没有限定，有自由发挥、自由选择的余地，可确定的对象范围是非常广泛的：太阳，月亮、星星；牡丹，野花、小草；大海，小溪、细流……

仿写 1：也许，你升不成光芒万丈的太阳，但你依然可以升成一轮皎洁的月亮或一颗微弱的星辰，为大地添一分光明，增一分热量。

仿写 2：也许，你装扮不成雍容华贵的牡丹，但你依然可以长成一朵野花或一棵小草，为人类添一缕芳香，增一分活力。

训练题 3：仿造下面句式，以“兴趣”开头，写一段话。

热爱是什么？热爱是风，热爱是雨。因为热爱，我们甘于淡泊宁静的日子；也因为热爱，我们敢于金戈铁马去，马革裹尸还。

【提示】仿写：兴趣是什么？兴趣是热，兴趣是爱。因为兴趣，我们抛弃了兴趣以外的享乐；也因为兴趣，我们探索奥秘去，收获成果还。

训练题 4：请选择某一事物，通过情境表达自己的思想感受。

例如：墙角的花！你孤芳自赏时，天地就小了。

【提示】分析：第一句是偏正短语，中心词是“花”；第二句拟人，句中的“你”指“花”；第三句，是“你孤芳自赏时”的后果。

参考答案：山中的石！你背靠群峰时，意志就坚了；水中的萍！你随波逐流后，根基就没了；空中的鸟！你展翅蓝天中，宇宙就大了；空中的雁！你离开队伍时，危险就大了；山顶的松！你挺直腰杆后，根基就牢了；水中的鱼！你游进大海时，境界就宽了；井底的蛙！你跃身地面时，眼界就宽了；地下的煤！你燃烧自己后，贡献就大了。

【我的创新体会】

活动 2

组合法的学习

组合法是指按照一定的技术原理，通过将两个或多个功能元素合并，从而形成一种具有新功能的新产品、新工艺、新材料的创新方法。本次活动就“功能组合”“材料组合”“同类组合”“异类组合”四个主题进行讨论。

【活动简介】

【专题讨论】

主题一
功能组合

功能组合法又称为强行关系法，将使用范围相同但功能各异的两种或多种现有产品作为组合项，根据各组合项在其结构上的可共用性，将其不同的功能赋予一种新的结构，从而创造多功能新技术、产品的方法。

例如：铅笔 + 橡皮 = 设计出了带有橡皮的铅笔。人们使用铅笔时难免写错字，一旦写了错字就需要使用橡皮进行修改。为了适应人们的这种需要，有人设计出了带有橡皮的铅笔，它的主要功能仍是书写，由于添加了橡皮，使它除书写之外还具有了一种附加功能。

又如：自行车 +（货架、车筐、里程表、车灯、后视镜）= 具有了载货、测速、照明、辅助观察等功能的多功能自行车。自行车的主要功能是代步，通过在自行车上添加货架、车筐、里程表、车灯、后视镜等

附件，使它同时具有了载货、测速、照明、辅助观察等功能。

现在的汽车设计中人们不断地为其添加雨刷器、遮阳板、转向灯、打火机、车载电话、收音机、空调机等附加装置，使汽车的功能更加完善。

家用空调器的主要功能是制冷，现在空调器生产厂在原有空调器制冷功能的基础上增加了暖风、换气、空气净化等功能，实现一机多用。

为婴儿喂奶时常需要判断奶水的温度，新生婴儿母亲因缺乏经验，判断奶水温度既费时又不准确。为解决婴儿母亲的这种需求，有人将温度计与婴儿奶瓶加以组合，生产出具有温度显示功能的婴儿奶瓶。

讨论题：

功能组合法是最常用的创意方法，试举例说明你知道的哪些发明是据此而来的。

【提示】海尔的氧吧空调在创意上就是普通空调与氧吧的组合，氧吧空调通过向室内补充氧气，解决人们在密闭房间因氧气浓度过低引起的疲劳、困倦、大脑供氧不足、皮肤缺氧老化等问题，创造了空调市场上差异化的竞争优势。

主题二
材料组合

有些应用场合要求材料具有多种特征，而实际上很难找到一种同时具备这些特征的材料。通过某些特殊工艺将多种不同材料加以适当组合，可以制造出满足特殊需要的材料。

例如，建筑施工中需要一种抗拉、抗压、抗弯、易施工且价格便宜的材料，钢筋、水泥和沙石的组合很好地满足了这种要求。

又如，铁芯铜线。导线要求导电性能好、机械强度高、容易焊接、耐腐蚀、成本低。铜具有良好的导电性、耐腐蚀性，并容易焊接，但力学性能较差。铁具有力学性能好、价格便宜的优点。将铁和铜组合设计成铁芯铜线。通过这种组合，充分利用了两种材料的优点，满足供电系统对电线的使用要求。

在钢中分别加入铬、锰、硼等元素，可制成耐腐蚀的不锈钢、高强度的锰钢、奇异特性的玻璃钢。

讨论题：

教师提供给学生下列材料：铜、铁、铝、木头、玻璃、石头、塑料、卷笔刀、多用插座，试说明哪些是导体，哪些是绝缘体，哪些是组合体。

【提示】铜、铁、铝为导体；木头、玻璃、石头、塑料为绝缘体；卷笔刀、多用插座是导体和绝缘体的组合体。

主题三
同类组合

两种或两种以上相同或相近的技术思想或物品组合在一起，可以获得功能更强、性能更好的新产品。

例如，情侣手表。“情侣手表”一词是随着近些年的潮流趋势而产生的。情侣之间选择爱情礼物、爱情信物，当选择手表时，往往选择款式相近或样式相同的手表，当两人佩戴后，产生的视觉效果和心理感受度都十分不错，久而久之便流传开来，已经成为现下十分流行的一种手表。

又如，双人自行车。双人自行车 ，两个人骑的自行车，可以双人共同踩踏，多出现在旅游场所，情侣适用，享受共同合作骑乘的乐趣。也有三人和四人自行车，但双人自行车较为普遍，因其舒适便利成为更多旅游人士的选择。

讨论题：

笔记本电脑的USB 接口往往比较少，怎样扩展出更多的USB 接口？

【提示】如图所示，科技并不表示冰冷，趣味同样重要，原来集线器也可以很Q。

主题四

异类组合

人们在从事某些活动时经常同时有多种需要，如果将能够满足这些需求的功能组合在一起，形成一种新的商品，将给人们带来更大的便利。

例如，瑞士军刀。它有多达三十种组合：有大刀、小刀、木塞拔、开罐器、螺丝刀、开瓶器、剪刀、钩子、木锯、钳子……

又如，带哨子的铝壶。铝制品厂别出心裁，在铝壶的盖子上加了一个哨子，水一开哨子就响起来。把水壶和哨子这两种本无关联的物品，有机地组合在一起便产生了一个全新的功能，即水烧开的同时，吹响了哨子，以提醒主人。

还有杂种优势。母马和公驴交配，生出来的骡，比马和驴强壮高大。这种现象在遗传上叫作杂种优势。农牧业上推广的杂交玉米、杂交水稻、杂交猪、杂交鸡等，都是品种间杂种优势的直接利用。

讨论题：

试把椅子和拐杖进行组合。

【提示】如图所示，它其实没有什么实际意义，但是看后总感觉非常安静。

【知识拓展】

根据特定的组合法则，运用数学、机械、物理、化学或者生物学的手段，在材料、结构和功能等方面，将有关的一群客体进行有目的匹配，以满足某种要求，达到人们预期的效果。按运用的手段来分，组合方法有数学组合法、物理组合法、化学组合法、生物组合法等；按组合对象来分，则有工艺组合法、结构组合法、材料组合法等；按所实现的目的，又可分为提高效能或综合性能的组合法、完全多效用的组合法、具有最优性或求最优性的组合法、探索创新的组合法等。组合方法的具体类型很多，它在工程技术中的应用十分广泛。

【启示感悟】

虽然组合法所使用的技术元素是已有的，但是它所实现的功能是新的，如果组合适当，同样可以做出重大的发明。由于形成组合的技术要素比较成熟，使得应用组合法从事创新活动的一开始就站在了一个比较高的起点上，不需要花费较多的时间、人力和物力去开发专门的新技术，不要求发明者对所应用的每一种技术要素都具有高深的专门知识，所以应用组合法从事创新活动的难度相对较低。这种方法的应用有利于群众性的创造发明活动的广泛开展。

【能力训练】

训练题 1：以老年人用的手杖为主体，请在上面增加一些功能，使手杖能够多用。

【提示】分割三段内加衔接线外加螺丝扣固定制成微型拐杖；加照明、红色，制成夜行拐杖、警示拐杖；加指南针制成探险拐杖；加自己常用药品制成保健拐杖；加支架和小木板制成拐杖板凳。

智能拐杖可伸缩、可折叠，可播放音乐、相声小品，可播广播，具有语音提示功能。智能拐杖，主宰你的智能生活。

日本富士通公司最新设计了一款智能手杖，内置卫星定位、3G 网络和无线网络，可作为老年人的导航仪，也能让家人快速找到老人所在位置。

训练题 2：制作多功能伞。

【提示】附加功能有：加香味制成香味伞；改用塑料制成透明伞；加大伞面制成情侣伞；加摊位、岗亭制成摊位遮阳伞。

训练题 3：请提出对皮鞋的种种希望，并提出改进设想（至少五种）。

训练题 4：将下列两组不相关的词汇进行自由组合，设计出新的、多功能的日用品。

A 组：灯罩、扬声器、手电筒、茶杯；

B 组：鼠标、暖水杯、打火机、电子表。

【我的创新体会】

活动 3

联想法的学习

联想法就是由甲事物想到乙事物的心理过程。具体地说，是借助想象，把形似的、相连的、相对的、相关的或某一点上有相通之处的事物，选取其沟通点加以联结。利用联想思维进行创造的方法，即为联想法。联想法有接近联想、相似联想、对比联想、自由联想等。本次活动就这四个方面展开讨论。

【活动简介】

【专题讨论】

主题一
接近联想

发明者在时间、空间上联想到比较接近的事物，从而设计新的发明项目，这就叫作接近联想法。

例如：足球运动——小足球运动——生产大小足球——足球鞋——足球衣——球星名人效应。

又如：风向标利用风力推动装置——吹尘器——风力发动机——防止倒烟（排气扇）——电扇。

费米，美籍意大利物理学家，对理论物理和实验物理都做出了重要的贡献和开创性的成就。他和助手们运用接近联想法，于1942年12月2日在美国芝加哥大学建成世界上第一座可控原子核裂变链式反应堆，并使其达到临界状态，产生可控的核裂变链式反应。这一成就是原子能时代的一个重要里程碑。随后费米参加了原子弹的研制工作，到美国新墨西哥州的洛斯阿拉莫斯实验室任理事会委员。

讨论题：

试列举生活中的接近联想的典型案例。

【提示】假设一个孩子第一次吃苹果的时候，并不知道这种水果称之为“苹果”。在吃这种水果的时候，各种特征和感受会在孩子的脑中留下印象，比如这种水果的形状、味道、颜色等。与此同时，孩子在吃这种水果的时候听到周围人称呼这一种水果为“苹果”。因此苹果这一名字和其特征感受就会立刻在孩子的脑中联系起来，这一联系结合的结果最终在孩子脑中留下了“苹果”这一复杂的概念。以后当这个孩子听到苹果这一名词的时候，脑中便会想起苹果的颜色、味道、形状。又或者，当孩子看到一个苹果的时候，他脑中会立刻想到苹果这个名词，以及所有和苹果相关的各种经历感受。

汉语中有“望梅止渴”一说，其本义涉及的也就是这个心理现象，即看到梅子的时候，脑中所有和梅子相关的感受会被调动起来，想到梅子的酸甜味道，自然会促使唾液的分泌。

主题二
相似联想

相似联想，是指大脑受到刺激后会自然地想起与这一刺激相类似的动作、经验或事物。这种联想可以运用到创造发明过程中来，进行创造发明。例如：由春天万物复苏想到繁荣；由劳动模范想到战斗英雄。

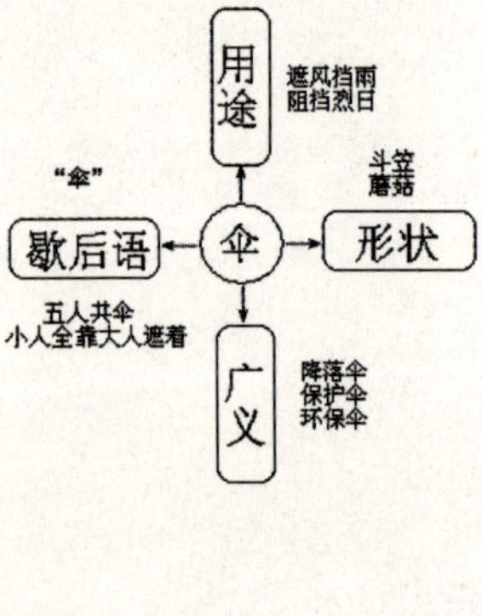

伞的联想：伞的形状像斗笠、蘑菇；伞的主要用途是遮风挡雨、阻挡烈日；过去的伞书写成“傘”，其歇后语为五人共伞，小人全靠大人遮着；伞的用途推广为降落伞、保护伞和环保伞等。

相似联想分为外部形态相似、内容逻辑

相似和情感反应相似三种。

如下图所示，为运用外部形态相似设计的产品。

花瓶设计：花瓶瓶颈造型根据叶子形状仿生，与插花相互搭配，使得花瓶与插花互相辉映，清新自然。

数码相机外壳设计：机壳运用钻石切割形态，为相机添加时尚高贵的气质。

如下图所示，为运用内容逻辑相似设计的产品。

“瀑布”水龙头的设计：“飞流直下三千尺，疑是银河落九天”，水龙头出水如瀑布般直泻，洗手时给人以诗意般的精神享受。

鸡舍设计：鸡舍形似鸡蛋，产品语意明确。

如下图所示，为运用情感反应相似设计的产品。

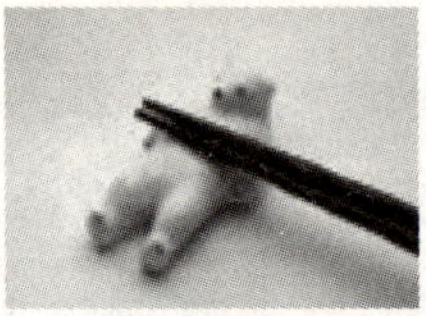

削笔器设计：削笔时的形态如同可爱的木头人，无论孩子还是大人即使削好了，也舍不得将笔拔出来吧。

搁筷器设计：筷子放在上面就像给北极熊挠痒痒，趣味十足。

主题三
对比联想

对比联想是指对于性质或特点相反的事物的联想，因对比关系由一事物想到另一事物的一种联想。对比联想反映出事物间共性和个性的和谐统一，事物在某一种共同特性中却又显示出比较大的差异，从而形成比较强烈的对比。

例如，由高山想到流水，由黑暗想到光明，忆苦而思甜，都是因对比关系引起的联想。在学习和记忆中运用对比联想可以提高学习效率和加强记忆，促进回忆。如语文教学中将一对反义词同时进行学习，算术教学中加与减、乘与除的对比，化学元素性质的对比，都是对比联想的运用。通过对比联想可加深对事物性质和特点的认识。

又如，黑白（黑白电视机——彩电）、大小（大屏幕电视机——袖珍电视机）、水火（消防车）、温暖寒冷（冷暖两用空调）。每对既有共性，又具有个性。

对比联想在文艺创作和哲学研究等思维活动中都有比较重要的意义。

讨论题：

依据下面的材料，写一篇心得体会。

哲学家在草地上给弟子上了最后一课，问：“如何除掉这些杂草？”弟子甲说：“用铲子铲。”乙说：“用火烧。”丙说：“撒石灰。”丁说：“连根拔去。”哲学家说：“都来试一下。如果没有去掉，一年后再来此相会。”一年后，都来了，哲学家没来。但他的弟子看到满地茂盛的庄稼而无一根杂草，终于悟出了一个真理：欲无杂草，必须种上庄稼。

【提示】这个故事让人明白：欲无必有，欲有必无。寓意：要心中有真善美，必远离假恶丑。这必须经过选择、鉴别和心灵的“巷战”，才会让一个退出，另一个占据。草喻生活中的假恶丑，庄稼喻真善美。思路还可以开阔为：要使一个人没有贪心，就必须用良心占据他的心灵；要使一个人没有虚荣心，就必须用真诚占据他的心灵；要使一个人没有怨恨，就必须用宽容占据他的心灵；要使一个人不再冷漠，就必须以爱心充斥自己的心灵等。把握生活的大网，以小见大。

主题四
自由联想

自由联想，可以引起联想的连锁反应，容易产生大量出奇的设想，往往会收到意想不到的创造效果，但成功的概率比较低。

荷兰科学家列文虎克发现了微生物

列文虎克出生于1632年的荷兰德夫特，没有受过系统的理论训练，没受过高等教育，但他就曾从自由联想中发现了微生物。

1675年的一天，天上下着雨，列文虎克在显微镜下观察了很长一段时间，眼睛累得酸痛，便走到屋檐下休息。他看着那淅淅沥沥下个不停的雨，思考着刚才观察的结果，突然想起一个问题：在这清洁透明的雨水里，会不会有什么东西？

于是，他拿起滴管取来一些水，放在显微镜下观察。没有想到，竟有许许多多的“小动物”在显微镜下游动。他高兴极了，但他并不轻信刚才看到的结果，又在露天下接了几次雨水，却没有发现“小动物”。

过几天后，他再接点雨水观察，又发现了许多“小动物”，于是，他又广泛地观察，发现“小动物”在地上有，空气里也有，到处都有，只是不同的地方“小动物”的形状不同，活动方式不同而已。

列文虎克发现的这些“小动物”，就是微生物。这一发现，打开了自然界一扇神秘的窗户，揭开了生命的新篇章。

列文虎克是一位真正的杰出科学家，他对科学研究如痴如狂的迷恋，他的严谨而勤奋的治学态度和作风，以及他所做出的贡献，这些不仅在当时，而且在整个生物学史上也是不多见的。

讨论题：

试花 10 分钟进行自由联想练习，结果会如何？

【提示】自由联想还有助于思维敏捷。应充分认识自由联想的客观存在和它的积极意义，对自由联想采取认可与接纳的态度，然后可以每天花 10 分钟的时间进行自由联想练习。坐在一个较安静的环境中，放弃任何对思维的控制，不提任何功利和实用的要求，进行完全的自由联想。此时，只需怀着好奇心跟随大脑去“散步”。经过一段时间的自由联想练习，大脑就会变得异常活跃，并富有创造力，思维也变得灵活。

【知识拓展】

对比联想又分为几种：

1. 从性质属性对立角度进行对比联想。如以毒攻毒疗法。

2. 从优缺点角度进行联想。如太阳能发动机。

3. 从结构颠倒角度进行对比联想。如史丰收的快速计算法。

4. 从物态变化角度进行对比联想。如利用核裂变产生能量制造了原子弹，科学家又利用核聚变制成了氢弹。

联想法除了有接近联想、相似联想、对比联想、自由联想，还有强制联想、相反联想、变形联想、记忆联想、谐音联想、奇特联想等。

【启示感悟】

联想学习法是活化知识的酶。联想是建立在充分理解基础上的，联想要有一定的知识积累和积极向上的态度，联想不能脱离社会实践。联想就像神话故事里的飞毯，只要会驾驭它，就能在天空里自由地翱翔。

【能力训练】

训练题1：试对“1”展开联想。

【提示】“1”是扁担，有志可以肩挑天下；“1”是棍棒，天才靠它以势压人；“1”是灯管，发光引起大家敬仰；“1”是电杆，寂寞不为人们注意；“1”是长梯，攀登可以达到科学的峰巅；“1”是门闩，闲散可以封死科学的大门。“1”在10 000面前显得渺小，但10 000却不能不靠“1”来领衔。有了“1”，只要努力，不愁没有2；有了“1”，如果止步，小心跌倒。

训练题2：有一名罪犯在夜间作案时，将一支蜡烛插在一个牛奶瓶内照明进行盗窃。在被拘捕后拒不交代事实经过。试用“联想测验”方法进行侦查。

【提示】荣格最初是布楼勒的助手，在联想心理学研究工作中提出了一套“联想测验”的方法。这套方法，不但对精神疾病的鉴别诊断有很大的实用价值，而且还可以在犯罪刑侦工作方面提供有用的线索。

具体方法是检验者说出一个词，令他立即回答所想到的另一个词。开始时，先用一些无关的词，如“天”，答以“地”；“父亲→母亲”；“鲜花→草地”；“黑→白”；“巴黎→纽约”……然后突然提到“蜡烛”，这名盗窃犯即答以“牛奶瓶”。就这样，通过该测验最后侦破了这件盗窃案。这是利用联想测验来进行刑事侦查的一个典型例子。在被试者进行迅速联想时，往往会暴露出内心潜隐的思想。后来荣格受到弗洛伊德学说的吸引，成了精神分析学派中的重要成员之一。弗洛伊德在抛弃催眠术方法之后，采用自由联想法来治疗神经症病人，很可能受到布楼勒与荣格等人工作的影响。

训练题3：现在的洗发露瓶只有一个出口，由于洗发液是黏稠的液体，每当剩余的液体较少，再往外挤就

需要比较长的时间，

给我们生活带来不方便。

有时干脆扔掉，造成了浪费。

请动动脑、动动手，改制成双出口

洗发露瓶。

【提示】改制时可以使用两个空瓶瓶口端的一半对接，这样洗发露上下有两个出口，洗发露多时用上出口，当洗发露少时，不管怎样放，洗发露可以从瓶底部出口中顺利挤出，就不必为挤出液体而延误时间了。

【能力训练】

训练题 4：请你运用组合法进行一项小发明。

____

____

____

____

____

【我的创新体会】

活动 4

TRIZ 理论学习

TRIZ 的含义是发明问题解决理论，其拼写是由“发明问题的解决理论”俄语含义的单词首字母（Двзгжел Гвмрвыжел Жцзъгвдлдвумтжтр Цлнлдшр）组成。人类进入工业化社会以来产生了无数的发明创造，设计制造了各种各样的机械设备，这些发明创造的创新过程是具有通用的规律的，TRIZ 理论可以科学地运用这些规律帮助我们进行创新设计。本次活动从 TRIZ 理论的概述、TRIZ 理论的进化模型分析、TRIZ 的发明工具案例分析、TRIZ 理论的运用案例分析四个方面展开讨论，从而了解一种科学的解决发明问题的方法，掌握能够有效率地解决工程技术难题的工具。

【活动简介】

【专题讨论】

主题一
TRIZ 理论的概述

TRIZ 理论是由苏联发明家阿奇舒勒(G. S. Altshuller)1946 年创立的，阿奇舒勒也被尊称为“TRIZ 之父”。

当时阿奇舒勒在苏联里海海军的专利局工作，在处理世界各国著名的发明专利过程中，阿奇舒勒发现任何领域的产品改进、技术的变革、创新和生物系统一样，都存在产生、生长、成熟、衰老、灭亡，是有规律可循的。人们如果掌握了这些规律，就能能动地进行产品设计并能预测产品的未来趋势。

以后数十年中，阿奇舒勒穷其毕生的精力致力于 TRIZ 理论的研究和完善。在他的领导下，苏联的研究机构、大学、企业组成了 TRIZ 的研究团体，分析了世界近 250 万份高水平的发明专利，总结出各种技术发展进化遵循的规律模式，并综合多学科领域的原理和法则，建立起 TRIZ 理论体系。

20 世纪 80 年代中期前，该理论对其他国家保密，80 年代中期，随着一批科学家移居美国等西方国家，逐渐把该理论介绍给世界产品开发领域，对该领域已产生了重要的影响。

目前 TRIZ 被认为是可以帮助人们挖掘和开发自己的创造潜能、最全面系统地论述发明创造和实现技术创新的新理论，被欧美等国的专家认为是“超级发明术”。一些创造学专家甚至认为，阿奇舒勒所创建的TRIZ 理论，是发明了发明与创新的方法，是 20 世纪最伟大的发明。

TRIZ 理论具有鲜明的特点和优势。它成功地揭示了创造发明的内在规律和原理，着力于澄清和强调系统中存在的矛盾，其目标是完全解决矛盾，获得最终的理想解，它是基于技术的发展演化规律研究整个设计与开发过程，比传统方法更加易于操作、系统化、流程化。

现代 TRIZ 理论的核心思想：无论是一个简单产品还是复杂的技术系统，都具有客观的进化规律和模式。各种技术难题、冲突和矛盾的不断解决是推动这种进化过程的动力。技术系统发展的理想状态是用尽量少的资源实现尽量多的功能。

TRIZ 理论解决发明问题流程如下图所示：

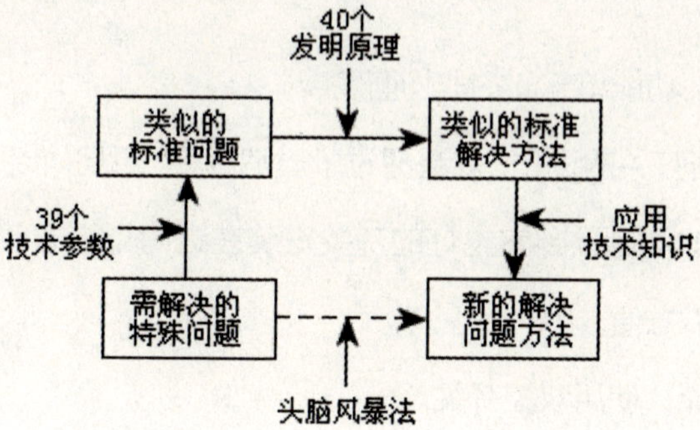

1. 定义系统的技术矛盾，并为矛盾建立“类似的标准问题”。

2. 利用 TRIZ 中的原理和工具，求出“类似的标准解决方法”。

3. 根据“类似的标准解决方法”的提示，参考各种技术知识，设计新的解决问题的方法。

主题二
TRIZ 理论的进化模型分析

TRIZ 理论有八大进化规律：

1. 提高理想度方向的进化。

例如，书写工具的发展。

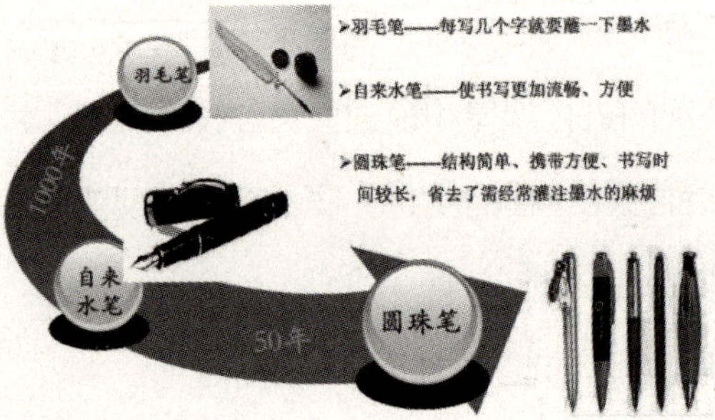

2. 系统内部功能单元间的非均衡发展。

例如：电器开关的进化，就是通过矛盾消解来实现整个系统的进化。

系统存在的问题：卧室电灯的开关安装在进门处，方便照明，但是夜晚睡觉关灯不方便。

矛盾的消除：使用双控开关。

系统的进化：实现两个开关共同独立控制同一盏灯。

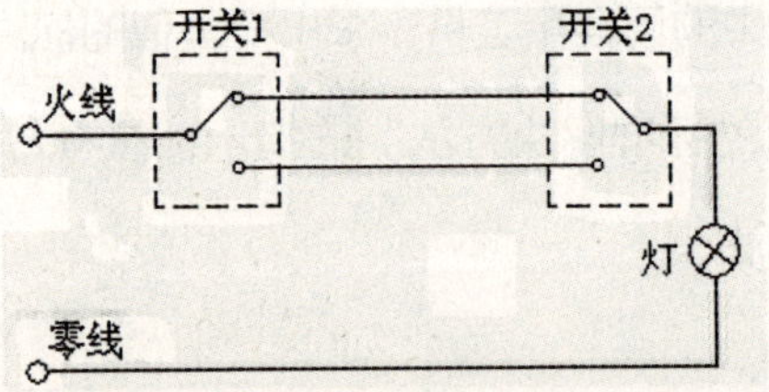

3. 向提高动态性和可控性的方向进化。例如，门锁的发展，操控性逐渐提高，动态性能更好，安全、可靠、方便。

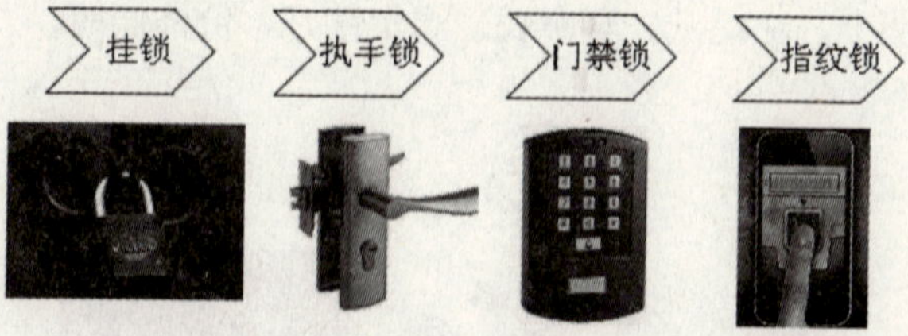

4. 先复杂后简单的螺旋上升方式。例如，手机的发展。

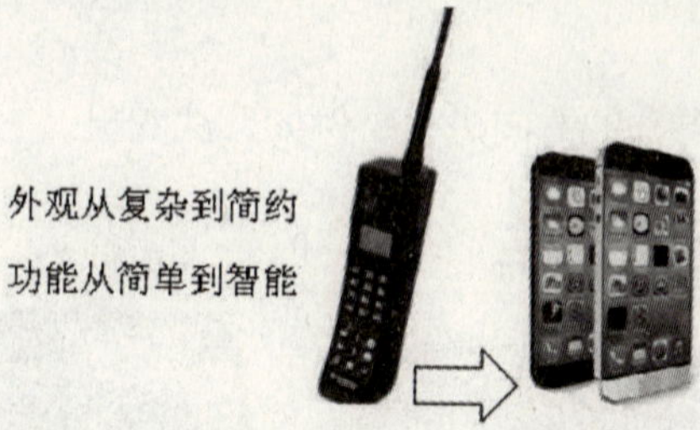

5. 匹配与失配功能单元。例如，动与电的功能单元。

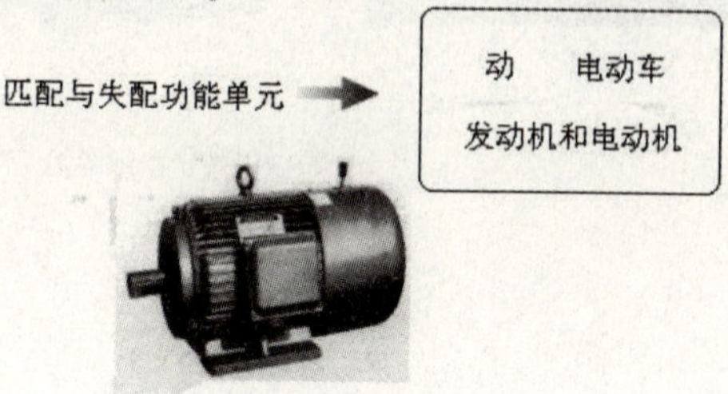

6. 向超系统跃进进化。例如，存储器的进化。

7. 向微系统进化，提高资源利用率。例如，电子元器件发展大致分为三代，一是真空管，二是晶体管，三是集成电路。对电子元器件的主要要求是体积小、功耗低、寿命长、稳定性好、价格低等。

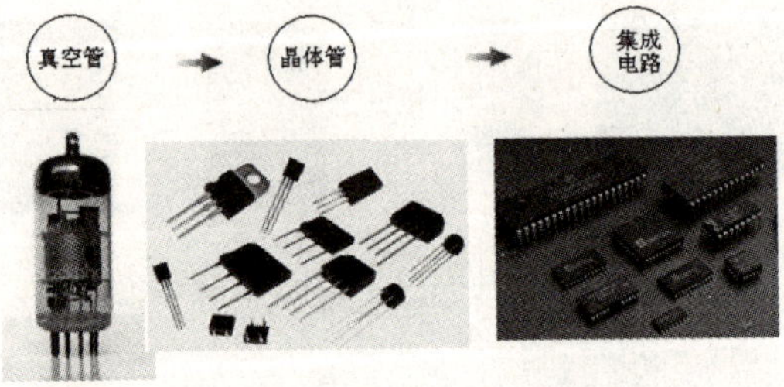

8. 向减少人为参与的方向进化。例如，洗衣机。

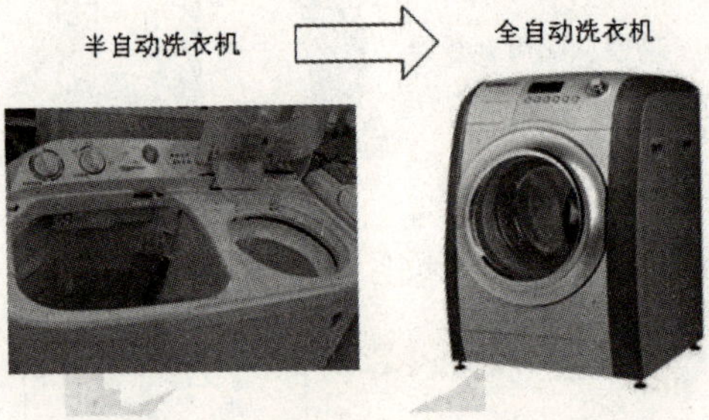

主题三

TRIZ 的发明工具案例分析

TRIZ 理论的发明工具有发明原理和冲突矩阵。阿奇舒勒 1970 年冲突矩阵表中的 39 项通用技术特征参数描述了问题的技术特性，40 条发明原理表明了问题的解决方法。

这里就四个典型的发明原理展开讨论。

1. 分离法。

原理：将物体分成独立的部分；使物体成为可拆卸的；增加物体的分割程度。

实例：卡车加拖车代替大卡车；笔芯和笔壳代替圆珠笔；活动百叶窗代替整体窗帘。

2. 巧提重物法。

原理：物体与具有提供升力的另一物体结合以抵消其重量；物体与介质（利用气动力和流动力等）相互作用以抵消其重量。

实例：用氢气球悬挂广告牌；轮船应用阿基米德定律产生可承重千

吨的浮力。

3. 色彩法。

原理：改变物体或外部介质的颜色；改变物体或外部介质的透明度；在难以看清的物体中使用有色添加剂或发光物质；通过辐射加热改变物体的热辐射性。

实例：在暗室中使用安全灯做警戒色；感光玻璃随光线改变其透明度；紫外光笔鉴别伪钞；在太阳能电池板上使用抛物面镜提高能量收集。

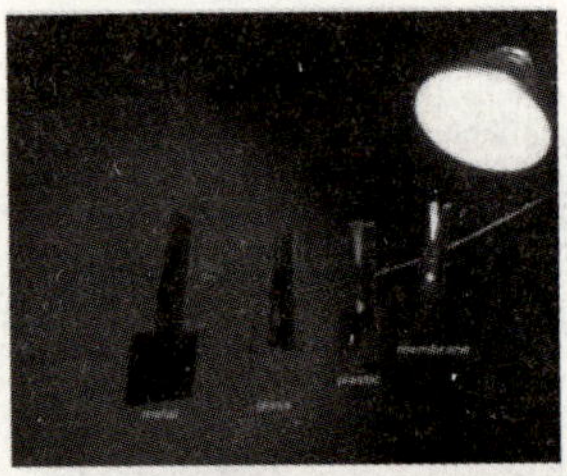

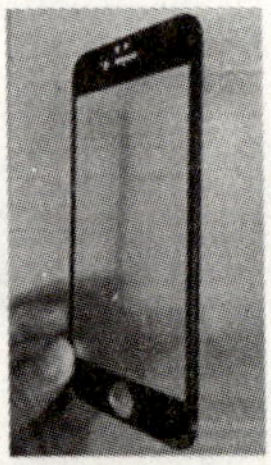

4. 复合材料法。

原理：用复合材料代替单一材料。

实例：塑钢门窗；复合地板；合成橡胶轮胎。

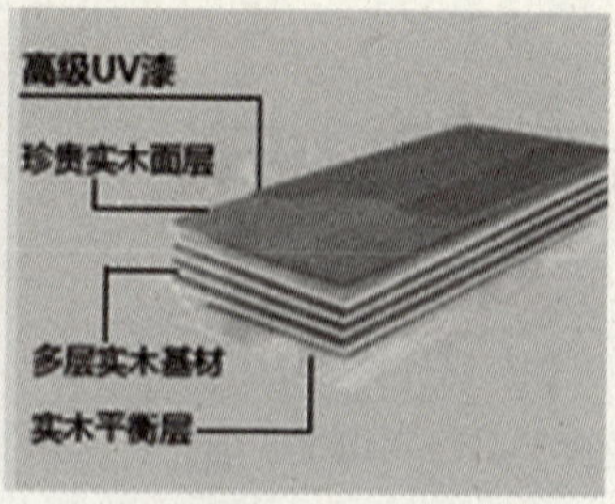

讨论题：

① 交通路口为了防止交通事故的发生，可采取什么样的分离方法？

【提示】实现人、车分离。

② 中国很多地方有个习俗，每年的元宵节都要放羊灯，羊灯就是孔明灯。制作很简单：用薄薄的纸做成口袋状，下面用油浸过的易燃品点起来烧，然后羊灯能飞很远。这是什么原理？

【提示】放羊灯的原理和热气球一样，利用燃烧形成的热空气升空。

③ 在教室里，哪些地方应用了色彩法？

④ 想一想家里什么东西是用复合材料做的，有什么好处？

主题四
TRIZ 理论的运用案例分析

下面以实用拖把设计为例对 TRIZ 理论的运用进行分析。

1. 设计的背景及意义。

拖把是人们生活的必备品，它的出现已经有很长一段时间了，市场上有各种各样的拖把，但是现在人们用的各种拖把真的很好用吗？

之所以会想到拖把的创新设计，是因为设计者平常在家担负着拖地的重任，每次拖完之后都是腰酸背疼，而且经常几个拖把换着用，跪在地上拼命擦，往往都擦不干净。因此，设计者要利用 TRIZ 理论设计一款比较实用的拖把。

2. 确定待设计系统的主要功能。

现在市场上的拖把主要有普通型、海绵头型、抹布型和拧干型 4 种，如下图所示。

普通型

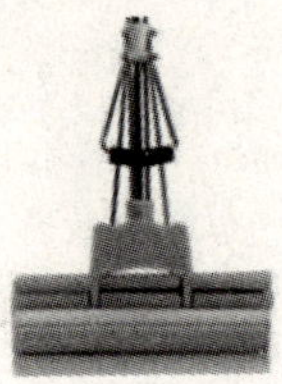
海绵头型

抹布头型

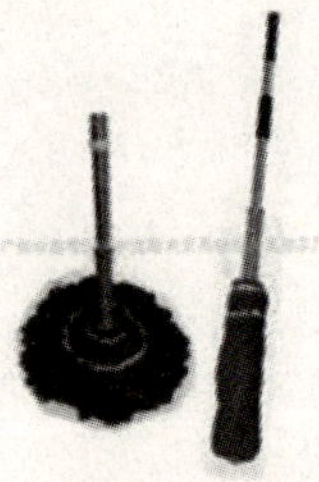
拧干型

四种拖把性能比较：

种　类	优　点	缺　点
普通型	价格便宜，制造简便	不易拧干，污渍清洗麻烦，拖地时身体易疲劳
海绵头型	用机械式的方法拧干，减轻了使用者的劳动强度，使得拧干的过程变得简便	拖把湿了之后不容易干，虽然便于脱水但是不便于清洗，不符合人体工学
抹布头型	可以更换拖把布，轻松地实现了干湿之间的转换	布的吸水能力不强，拧干不方便，使用过程中易变形
拧干型	更换布方便，可实现自动拧紧	直柄设计，隐蔽部分难以伸进去

设计者确定待设计系统的主要功能就是：用 TRIZ 理论的方法来对拖把进行创新，设计出一款功能更加完善、使用更加方便的新型拖把。

3. 最终理想的确定。

第一步：设计的最终目的是什么？

为拖地的人排忧解难。

第二步：理想解是什么？

拖地时人操作方便、不过度劳累，地面干净且干得快。

第三步：达到理想解的障碍是什么？

怎样兼顾客厅、房间、卫生间、厨房间拖地，合理选用拖把头。

第四步：它为什么成为障碍？

人们没有意识到这个问题。

第五步：如何使得障碍消失？

合理设计拖把杆和拖把头，做到事半功倍。

第六步：什么资源可以帮助你？

网络资源。网络的力量是强大的，设计者可以通过网络搜索，解决疑难和网购。

第七步：在其他领域或用其他工具可以解决这个问题吗？

还没有发现有其他领域或工具可以解决这个问题。

4. 矛盾定义及确定创新原理。

首先，对技术系统中问题进行描述。

要想为拖地的人排忧解难，达到拖地时人操作方便、不过度劳累，地面干净且干得快的理想目标，需要处理好以下几个问题：

（1）第一个就是拖把拧干困难的问题。解决方法：可以将拖把放置在某个装置内，然后用脚踩或者手拉的方式即可自动将水拧干。经调查，这种方案已经运用于现代产品中，并且效果良好。

（2）第二个就是拖把使用时不符合人体舒适度的问题。解决方法：将拖把的手柄设置成符合人体工学的形状，最理想的情况是，人不需要弯腰便可以完成拖地的过程。

（3）第三个就是拖把不能同时用来清洁和擦干的问题。解决方法：可以使用两个拖把头，当需要湿拖的时候换上其中一个，当需要将水擦干的时候换上另一个。

（4）第四个就是拖把吸水能力不强的问题。解决方法：寻找一种吸水能力超强的材料，将其使用到拖把头上。

（5）第五个就是拖把不能清除死角灰尘的问题。解决方法：将拖把手柄与拖头的连接部位的焊接变为一个可以实现 360° 自由转动的铰接结构，当遇到死角需要擦拭的时候，可以轻松完成任务。

（6）第六个就是拖把拖地不干净的问题。解决方法：可以在拖把布里面设置一种加热的装置，可以加快去污速度；还可以在拖把中增加一个存放有清洁液的装置，需要时轻轻按一按钮，即可喷出清洁液，使得地面清洁、光亮。

然后，分析此问题属于技术矛盾还是物理矛盾。

上述问题是技术问题，通过查表（表格参见本活动的“知识拓展”），把将地板擦拭得更干净和装置的复杂性相结合，确定为技术参数，参考值为 27#、36#。创新原理确定为性能转化法和分割法，参考值为 35#、1#。

5. 推荐创新原理说明。

（1）解决第一个问题采用了预先作用法。

原理：预先对物体施加必要的改变；预先安置物体，使其在最方便的位置开始发挥作用而不浪费运送时间。

实例：不干胶粘贴；在停车场安置的预付费系统。

（2）解决第二个问题采用了分离法（详见本活动的专题三）。

（3）解决第三个问题采用了动态法。

原理：将物体分成彼此相对移动的几个部分；物体的特性变化应当在工作的各阶段达到最优状态；使不动的物体成为动的。

实例：用于矫正牙齿的记忆合金；装卸货物的铲车；可弯曲的饮用吸管。

（4）解决第四个问题采用了复合材料法（详见本活动的专题三）。

（5）解决第五个问题采用了柔化法。

原理：使用柔性壳体或薄膜代替传统的三维结构；使用柔性壳体或薄膜，将物体与环境隔离。

实例：农业上使用塑料大棚种菜；用薄膜将水和油分别储藏。

（6）解决第六个问题采用了性能转换法和分割法。

①性能转换法。

原理：改变物体的物理状态；改变浓度或密度；改变柔度；改变温度或体积等参数。

实例：酒心巧克力，先将酒心冷冻，然后将其在热巧克力中蘸一下；用液态的肥皂水代替固体肥皂，可以定量控制使用，减少浪费；硫化橡胶改变了橡胶的柔性和耐用性；提高烹饪食品的温度（改变食品的色、香、味）。

②分割法（详见本活动的专题三）。

6. 分析推荐创新原理的可行性，确定最终的创新原理。

为了实现设计，使用拖把时符合人体舒适度，拖地干净，最终创新原理利用 1# 分割原理中把物体分成容易组装和拆卸的部分：将拖把的手柄设置成符合人体工学的形状，最理想的情况是，人不需要弯腰便可以完成拖地的过程。利用 1# 分割原理把一个物体分成相互独立的部分：可以在拖把中增加一个存放有清洁液的装置，需要时按按钮，喷出清洁液，使得地面清洁。

讨论题：

① 请用预先作用法为学校提一条合理化建议。

② 为什么洗过的衣服放在室外容易干？

③ 手机如何使用柔化法提高安全性？

④ 为什么菜炒熟了就会变色变味？

【知识拓展】

阿奇舒勒对大量的专利进行了研究、分析和总结，提炼出了 TRIZ 中最重要的、具有普遍用途的这 40 个发明原理，如下表所示。

1	分割	11	预先应急措施	21	紧急行动	31	多孔材料
2	抽取	12	等势原则	22	变害为利	32	改变颜色
3	局部质量	13	逆向思维	23	反馈	33	同质性
4	非对称	14	曲面化	24	中介物	34	抛弃与再生
5	合并	15	动态化	25	自服务	35	物理 / 化学状态变化
6	普遍性	16	不足或超额行动	26	复制	36	相变
7	嵌套	17	一维变多维	27	一次性用品	37	热膨胀
8	配重	18	机械振动	28	机械系统的替代	38	加速氧化
9	预先反作用	19	周期性动作	29	气体与液压结构	39	惰性环境
10	预先作用	20	有效作用的连续性	30	柔性外壳和薄膜	40	复合材料

39 项技术参数如下表所示。

1	运动物体的重量	11	应力或压力	21	功率	31	物体产生的有害因素
2	静止物体的重量	12	形状	22	能量损失	32	可制造性
3	运动物体的长度	13	结构的稳定性	23	物质损失	33	可操作性
4	静止物体的长度	14	强度	24	信息损失	34	可维修性
5	运动物体的面积	15	运动物体作用时间	25	时间损失	35	适应性及多用性
6	静止物体的面积	16	静止物体作用时间	26	物质或事物的数量	36	装置的复杂性
7	运动物体的体积	17	温度	27	可靠性	37	监控与测试的困难程度
8	静止物体的体积	18	光照度	28	测试精度	38	自动化程度
9	速度	19	运动物体的能量	29	制造精度	39	生产率
10	力	20	静止物体的能量	30	物体外部有害因素作用的敏感性		

2003 年冲突矩阵表是由美国科技人员在引入 TRIZ 理论基础上，对 1 500 万件专利加以分析、研究、总结、提炼和定义的结果。增加了 9 个通用工程参数、增加了 37 个发明原理。增加的 9 个通用工程参数为：信息的数量、运行效率、噪声、有害的散发、兼容性 / 可连通性、安全性、易受伤性、美观、测量难度。增加的 37 个发明原理为：减少单个零件重量、尺寸，零部件分成重与轻，运用支撑，运输可变形状的物

体，改变运输与存储工况，利用对抗平衡，导入一种储藏能量因数，局部/部分预先作用，集中能量，场的取代，建立比较的标准，保留某些信息供以后利用，集成进化为多系统，专门化，减少分散，补偿或利用损失，减少能量转移的阶段，推迟作用，场的变换，导入第二个场，使工具适应于人，为增加强度变换形状，转换物体微观结构，隔绝/绝缘，对抗一种不希望的作用，改变一个不希望的作用，去除或修改有害源，修改或替代系统，增加或替代系统，并行恢复，部分/局部弱化有害影响，掩盖缺陷，实施探测，降低污染，创造一种适合于预期磨损的形状，减少人为误差，避开危险的作用。

【启示感悟】

实践证明，运用 TRIZ 理论，可大大加快人们创造发明的进程，而且能得到高质量的创新产品。它能够帮助我们系统地分析问题情境，快速发现问题本质或者矛盾，能够准确确定问题探索方向，不会错过各种可能；它能够帮助我们突破思维障碍，打破思维定式，以新的视觉分析问题，进行逻辑性和非逻辑性的系统思维；它还能根据技术进化规律预测未来发展趋势，帮助我们开发富有竞争力的新产品。

【能力训练】

训练题 1：一碗黄豆和一碗大米混合，你能用几种方法将它们分离，并说明哪种方法好。

【提示】1. 用米筛，大米比较小，黄豆比较大，一筛就分开了；2. 黄豆的密度比大米小，选择一种合适的液体介质，让黄豆浮起来，大米沉下去。

训练题 2：把一个新鲜大萝卜切成两半，把其中的一块中间挖空（不要挖透），把一个蜡烛头点燃放在空处，并把它放在装有水的盆中；然后把它拿出来，单独把蜡烛头放在水中，看会出现什么结果。

【提示】蜡烛头点燃放在挖空的萝卜中，并把它放在装有水的盆中，蜡烛可以燃烧；单独把蜡烛头放在水中，蜡烛熄灭了。因为氧气消耗完了，蜡烛熄灭。这说明燃烧必须要有氧气。

训练题 3：自己动手制作两个一样的手抄报，一个涂上色彩，另一个不涂，给同学们看，看他们更喜欢哪一个。

训练题 4：同一块黄泥，分成两块：一块不放其他物质，一块加入草和小棍制成泥板，干后，观察哪块更结实。运用的是什么原理？

【提示】加入草和小棍制成泥板的更结实，运用的复合材料原理。

【我的创新体会】

项目五

做一做

——创新作品制作

活动 1

设计一个聪明书签

【活动宗旨】

信息　资源　分工　配合

【活动规则】

1. 把所有学生分组，同座位的 2 人为一组。

2. 要求每组完成自制聪明书签 1 个。

3. 造型要有新意，选材要有创意。

4. 记忆书签功能要求：发现重要段落，借助精美的书签精确标记；迅速而又准确地回到合上书时的那一页、那一行；在享受阅读乐趣的同时，保护心爱的书本。

5. 项目制作时间为 30 分钟。

【活动计划】

材料与工具：塑料板或硬纸板、胶水、刻刀、剪刀。

1. 准备制作书签的材料和工具。

2. 查阅参考资料，拿出设计方案。设计方案如图所示，仅供参考（不局限这几个）。

3. 绘制草图。

4. 裁剪、组装。

5. 美化、签名。

6. 展示优秀作品。

【活动分析】

1. 遇到命题，学会如何审题，克服障碍。

2. 团队协作，分工和配合。

3. 培养目标意识、实用意识和美观意识。

【能力目标】

1. 培养团队精神，体验分工与协作，增强整体观念。

2. 培养学生主动沟通的意识。

3. 培养学生的合作意识，通过配合，共同完成任务。

【我的创新体会】

活动 2

召开一个主题班会

【活动宗旨】

策划　协作　周密

【活动规则】

1. 班会主题：我的梦　中国梦。

2. 班会可从寻梦、追梦、筑梦、圆梦几个方面展开讨论。

3. 展示青春活力。

4. 正确运用多媒体技术。

5. 项目时间为 45 分钟。

【活动计划】

活动准备：

1. 一周前选出主持人。

2. 确定班会时间。

3. 编排节目报主持人。

4. 主持人串词准备。

5. PPT 课件制作。

场地准备：

1. 布置环境。

2. 投影设备到位。

【活动分析】

1. 畅谈理想，树立信心，我们的理想一定能实现。

2. 把握今天，才能拥有美好的明天。

3. 把握人生，培养习惯，坚持原则，用顽强的毅力征服一座座高峰。

【能力目标】

1. 通过小组交流畅谈，让学生明晰自己的梦想。

2. 激发学生的创造力和想象力，明白实现梦想需要不怕困难、坚持、协作和探索。

3. 通过这样的活动，增强学生的自信心，为学生更全面的发展创造一个很好的平台。

4. 丰富班级生活，丰富校园文化生活。

【我的创新体会】

活动 3

制订一份创业计划书

【活动宗旨】

关注　竞争　积累

【活动规则】

1. 把所有学生分组，每组不少于6人。

2. 每组制订一份创业计划书。

3. 创业计划书要清楚、简洁、展示市场调查和市场容量。

4. 创业计划书要重点突出、注意时效、详略得当、突出优势。

5. 创业计划书要使用管理学术语，尽可能做到规范、科学。

【活动计划】

1. 项目：淘宝百货店。

2. 市场调研。

3. 创业计划书的内容：计划摘要、服务介绍、人员结构、营销策略、财务规划、风险控制和发展方向等。

4. 撰写创业计划书的准备：关注产品、敢于竞争、了解市场、表明行动的方针、展示你的管理队伍、出色的计划摘要。

【活动分析】

1. 培养独立生存、学习，独立思维判断和独立动手操作的能力。

2. 培养社会交往、公关、组织、管理和竞争的能力。

3. 培养恰当运用专业知识解决生产经营实际问题的创业能力。

【能力目标】

1. 培养团队精神，体验分工与协作，增强整体观念。

2. 培养学生主动沟通的意识。

3. 培养创业意识和创业能力，为毕业就业打下良好的基础。

【我的创新体会】

参考文献

[1] 中华人民共和国教育部．素质教育观念学习提要［M］．北京：生活·读书·新知三联书店，2001.

[2]《成长必读》编委会．引发学生奇思妙想的创新故事［M］．北京：京华出版社，2009.

[3] 俞国良．创造力心理学［M］．杭州：浙江人民出版社，1996.

[4] 袁振国．教育新理念［M］．北京：教育科学出版社，2001.

[5] 张卓玉．教会学生思维［M］．北京：教育科学出版社，2001.

[6] 沈世德，薛卫平．创新与创造力开发［M］．南京：东南大学出版社，2002.

[7] 蔡宗松，王灿彬．走出自我——创新能力培养与训练［M］．北京：中国地质大学出版社，2012.

[8] 张建虹，黄干才．创造与创业［M］．南宁：广西科学技术出版社，2000.

[9] 傅筠，黄道平．创新·创业与就业［M］．北京：机械工业出版社，2009.

[10] 王哲．创新思维训练500题［M］．北京：中国言实出版社，2009.

[11] 陆志平．激活创造的潜能［M］．南京师范大学出版社，2000.

[12] 周冠生．形象思维与创新素质［M］．上海教育出版社，2002.

[13] 董国华．创新学习的理论［M］．上海：华东师范大学出版社，2002.

[14] 龚春燕．创新学习论纲［M］．北京：人民教育出版社，2005.

反侵权盗版声明